Arbeitsbedingte psychische Belastung

Eine grundlegende Einführung

Von Dr. Gerald Schneider

ERICH SCHMIDT VERLAG

Bibliografische Information der Deutschen Nationalbibliothek
Die Deutsche Nationalbibliothek verzeichnet diese Publikation
in der Deutschen Nationalbibliografie; detaillierte bibliografische Daten sind
im Internet über http://dnb.d-nb.de abrufbar.

Weitere Informationen zu diesem Titel finden Sie unter
ESV.info/978 3 503 17768 4

Gedrucktes Werk: ISBN 978 3 503 17768 4
eBook: ISBN 978 3 503 17769 1

Dieses Papier erfüllt die Frankfurter Forderungen der
Deutschen Nationalbibliothek und der Gesellschaft für das Buch bezüglich
der Alterungsbeständigkeit und entspricht sowohl den strengen Bestimmungen
der US Norm Ansi/Niso Z 39.48-1992 als auch der ISO-Norm 9706.

Druck und Bindung: Druckerei Strauss, Mörlenbach

Vorwort

Psychische Belastungen sind das zurzeit führende Thema im Arbeits- und Gesundheitsschutz, denn seit mindestens Anfang des 20. Jahrhunderts ist bekannt, dass Arbeit nicht nur körperlich, sondern auch seelisch schädigen kann. Auf der anderen Seite gewährt gut gestaltete Arbeit Erfolgserlebnisse und Persönlichkeitsentfaltung und kann so einen wesentlichen Beitrag zur psychischen Gesundheit leisten. Dennoch wurden die psychischen Belastungen lange vernachlässigt bzw. es wurde ihnen nicht die Aufmerksamkeit zuteil, die ihnen gebührt. Es soll hier nicht der Ort sein, nachzuspüren, warum das so war, sondern es sollen Grundlagen für eine zukünftige sachgerechte Diskussion geschaffen werden.

Spätestens seit der Präventionskampagne der Gemeinsamen Deutschen Arbeitsschutzstrategie (GDA) und der expliziten Erwähnung psychischer Belastungen im Arbeitsschutzgesetz ist das Thema verstärkt in den Blick der Betriebsverantwortlichen und der Fachleute gerückt, die in den gesetzlichen Arbeitsschutz eingebunden sind. Mit der Qualifizierungsempfehlung für betriebliche Akteure im Arbeitsschutz durch die GDA haben die Fachkreise deutlich gemacht, wen Sie in bestimmten Rollen sehen und welche Kenntnisse diese Akteure jeweils haben sollen.

Das vorliegende Buch will nichts Geringeres leisten, als in kompakter und knapper Form das Wissen zu vermitteln, über das nach der GDA-Empfehlung jeder der angesprochenen Akteure im Arbeitsschutz mindestens verfügen muss. Es richtet sich daher an Unternehmer, Arbeitnehmervertretungen, Führungskräfte, Fachkräfte für Arbeitssicherheit und Arbeitsmediziner sowie weitere interessierte Fachrichtungen. Die Stoffauswahl orientiert sich dabei an den Anforderungen, die für Fachkräfte für Arbeitssicherheit und Arbeitsmediziner formuliert wurden und stellt die Grundlage eines fachlich fundierten Umgangs mit psychischen Belastungen im Unternehmen dar. Allerdings wurde darauf verzichtet, spezifische Instrumente der Gefährdungsbeurteilung näher vorzustellen, da die Bundesanstalt für Arbeitsschutz und Arbeitsmedizin (BAuA) mit ihrem 2014 erschienenen Werk „Gefährdungsbeurteilung psychischer Belastung" ein Standardwerk für die Praxis herausgegeben hat (BAuA 2014). Dieses setzt bereits ein Wissen voraus und ist für den Anfänger weniger geeignet.

Dieses Buch schafft die notwendige Basis, um darauf aufbauend speziellere und vertiefende Werke mit dem dann erworbenen Vorwissen gewinnbringend studieren zu können. Es ist so verfasst, dass es auch für nicht im Arbeitsschutz Tätige, also z. B. für jeden Arbeitnehmer, lesbar ist. Dem war insofern Tribut zu zollen, dass i. d. R. auf detaillierte Fundstellenangaben verzichtet wurde. Nichts ist für Anfänger schwerer zu lesen als dauernd durch Literaturhinweise zerhackte Sätze. Ich habe mich daher auf das Wesentliche beschränkt. Sollte sich dadurch ein Autor übergangen fühlen, bitte ich um Entschuldigung.

Das Buch folgt einem dreistufigen Aufbau. Der erste Teil unter der Überschrift „Wahrnehmen" folgt dem Gedanken der GDA zunächst ein angemessenes Problembewusstsein, eine Sensibilität, für das Thema zu entwickeln. Im zweiten Teil „Wissen" werden die wichtigsten Faktoren, Modelle und Folgen psychischer Fehlbelastungen besprochen. Der dritte Teil „Wandeln" ist der Gestaltung von Arbeit, mit dem Ziel psychisch gesund erhaltende Tätigkeiten zu ermöglichen, gewidmet. Da psychische Belastungen permanenter Bestandteil unseres Lebens sind und auch in „guten Arbeitssituationen" auftreten, beschreibt der Begriff „Wandeln" das Vorgehen besser als z. B. „Minimieren" oder ähnliche Begrifflichkeiten.

Das sich aus den Anfangsbuchstaben der drei Teile-Überschriften ergebende Kürzel „WWW" ist mit seiner Ähnlichkeit zum „World Wide Web" nicht zufällig, sondern soll bewusst machen, dass psychische Belastungen nicht nur in Industriegesellschaften relevant sind, sondern überall dort auftreten, wo gearbeitet wird: sei es im Büroturm in Chicago oder in einer durch Frauen und Kinder betriebenen Färberbude in Indien.

Dank schuldet der Autor seinen Kolleginnen und Kollegen, mit denen in etlichen Diskussionen, Meetings und Gesprächen viele der hier angesprochenen Aspekte durchleuchtet und, wo nötig, interpretiert wurden. Ein Autor gleicht einem breiten Strom, der für jedermann sichtbar wird, sich aber tatsächlich aus vielen kleinen und meist nicht wahrnehmbaren Bächlein, Nebenflüsschen und Quellen speist. Welcher Wassertropfen dabei aus welchem Bach stammt, ist nicht mehr feststellbar, aber dennoch verdankt der Strom seine Existenz diesen Zuflüssen.

Ein besonderer Dank geht wieder an den Erich Schmidt Verlag und insbesondere an Herrn Jörg Engelbrecht für die erneut hilfreiche und gute Betreuung während der Erstellungsphase und das Vertrauen, das dem Autor entgegengebracht wurde.

Bonn, im Januar 2018

Inhaltsverzeichnis

Abkürzungsverzeichnis

ArbSchG	Arbeitsschutzgesetz
ASA	Arbeitsschutz-Ausschuss
ASiG	Arbeitssicherheitsgesetz
AU-Tage	Arbeitsausfalltage
BAuA	Bundesanstalt für Arbeitsschutz und Arbeitsmedizin
BEM	Betriebliches Eingliederungsmanagement
BetrVG	Betriebsverfassungsgesetz
BGM	Betriebliches Gesundheitsmanagement
BiBB	Bundesinstitut für Berufsbildung
DEGS	Studie zur Gesundheit Erwachsener in Deutschland
DGUV	Deutsche Gesetzliche Unfallversicherung
EAP	Employee Assistance Program
GDA	Gemeinsame Deutsche Arbeitsschutzstrategie
ICD	International Statistical Classification of Diseases and Related Health Problems
SGB IX	Sozialgesetzbuch IX
SuGA	Sicherheit und Gesundheit bei der Arbeit (Berichte der BAuA)

Teil I: Wahrnehmen

Die GDA-Qualifizierungsempfehlung sieht einen wesentlichen Beitrag zum Umgang mit arbeitsbedingter psychischer Belastung in einer Sensibilisierung der von ihr angesprochenen Personenkreise. Voraussetzung für eine sachgerechte Bearbeitung ist also zunächst, die psychischen Komponenten der Arbeit überhaupt wahrzunehmen. Dabei muss Klarheit geschaffen werden bzgl. wesentlicher Begriffe und möglicher Auswirkungen von nicht angepassten Belastungen.

1. Psychische Belastung – was meint das?

Kaum ein Tag vergeht, in dem nicht in irgendeiner Pressemeldung, in einem Fernsehbeitrag oder im Rahmen innerbetrieblicher Diskussionen von psychischen Belastungen durch die oder bei der Arbeit die Rede ist.

Was meint aber der Begriff „psychische Belastung"? Grundvoraussetzung für eine sachliche Beurteilung und Diskussion ist dabei zunächst ein ausreichendes Verständnis zu den Begriffen. Obwohl dies zunächst wie eine philosophische Grundlagenerörterung erscheinen mag, so führt die falsche Anwendung von Begrifflichkeiten schnell in einen nicht sachgerechten Diskurs. Dies besonders dann, wenn der Begriff „Belastung" von verschiedenen Personengruppen unterschiedlich verstanden wird.

„Psychische Belastung" ist ein Terminus Technicus, der aus zwei Worten besteht, nämlich „Psyche" und „Belastung". Das Wort „Psyche" bedeutete dabei in seinem ursprünglichen griechischen Kontext Atem oder Hauch und beschreibt bereits in dieser frühen Verwendung einen Austausch der atmenden Person mit der Welt. Wenn der Atem Luft aus der Umwelt in den Körper zieht und anschließend wieder abgibt, so entsteht eine wechselseitige Beziehung zwischen dem Inneren des Menschen und seiner Umwelt. Dieser Austausch kann durchaus negativ sein, etwa wenn der Luft chemische Gase beigemischt sind, er kann auch zerstörend wirkend (etwa durch heiße oder ätzende Beimengungen – wie z. B. Vulkangase im alten Griechenland), er kann aber auch belebend wirken. Dies sogar im wortwörtlichen Sinne, denn ohne Atem kein Leben. Entscheidend ist also, dass Psyche bereits in seinen Anfangsbegrifflichkeiten als ein Austauschgeschehen zwischen dem einzelnen Menschen und der „Welt" verstanden wurde, das gleichzeitig Grundlage des Lebens ist.

Heute wird unter „Psyche" die Gesamtheit des Wahrnehmens, des Denkens und des Gefühlslebens eines Menschen verstanden. Die Art und Weise wie „Welt" wahrgenommen wird, hat dabei Auswirkungen auf unsere Psyche, bedingt aber gleichzeitig auch unsere Sicht auf die Welt. In diesem Sinne ist der alte Gedanke des Austausches zwischen Mensch und Welt nicht etwa aufgegeben, sondern auf eine breitere Ebene gestellt. Die Psyche konstituiert sich somit im Rahmen dieses Austausches zwischen dem Individuum und dem Rest der Welt, was sowohl soziale Kontakte, die Arbeit und Freizeit, das Familienleben oder die Partnerschaft, allgemeine Widerfahrnisse des Lebens, Umweltbedingungen usw. umfasst. Grundlage hierfür sind aber biologische Gegebenheiten, gewisse genetische Voraussetzungen und mit hoher Wahrscheinlichkeit bereits pränatale – also vorgeburtliche – Erfahrungen. Der dann aber nach der Geburt voll einsetzende Austausch mit der Welt kommt nie zu einem Ende und ist eine Konstante unseres Lebens.

Die psychische Konstitution zu einem bestimmten Zeitpunkt unseres Lebens ist daher die Summe aller Austauscherfahrungen bis zu diesem Zeitpunkt auf Basis biologisch-genetischer Grundgegebenheiten. Sie ist erweiter- und veränderbar (sonst würden Therapien nicht fruchten können) und ein alter Mensch wird eine andere psychische Ausstattung aufweisen als ein Teenager. Dabei ist der Austausch an sich wertneutral. Erst durch die Summe der (bisherigen) Erfahrungen als Beurteilungsmaßstäbe, erfährt er eine Interpretation. Der Austausch kann – um die Worte Hartmut Rosas (Rosa 2017) zu verwenden – responsiv, also z. B. unterstützend, fördernd, befriedigend, bestärkend usw. oder repulsiv empfunden werden, also vielleicht verängstigend, schwächend, ablehnend etc. Die Außeneinflüsse erfahren eine interne Interpretation, beeinflussen aber umgekehrt auch unser Interpretationsspielräume und -gepflogenheiten.

Vorausgesetzt wird dabei aber immer eine gewisse Ähnlichkeit zwischen den Menschen, die im Rahmen einer bestimmten Bandbreite variieren kann. Nur so ist überhaupt Psychologie möglich, denn es kann keine übergreifende Wissenschaft geben, wenn die Objekte ihrer Betrachtung alle völlig unterschiedlich sind. Es ist nicht nötig, an dieser Stelle in den Streit einzutreten, ob das genetische Erbe wichtiger als die Lebenserfahrung ist oder umgekehrt, oder ob ganz und gar diese gegensätzlich Betrachtung Ausdruck einer falschen Auffassung ist. Wichtig in unserem Kontext ist zunächst nur folgendes Grundverständnis:

Infobox

– Psyche ist die Gesamtheit unseres individuellen Wahrnehmens, Fühlens, Empfindens und letztens Endes Agierens.

– Die organischen Grundlagen sind hierfür in unserem Nervensystem, den Sinnesorganen, dem Gehirn u. a. gegeben. Psyche hat eine organische Grundlage und eine genetische „Voreinstellung". Deshalb können psychische Beeinträchtigungen körperliche Auswirkungen haben und Krankheiten oder Missempfindungen hervorrufen oder unterstützen. Dies ist ebenfalls umgekehrt möglich.

– Die jeweilige Ausformung der individuellen psychischen Konstitution ist aber an ein lebenslanges, bereits in früher Kindheit beginnendes Austauschgeschehen mit allen Facetten der Welt gebunden. Dabei verändert dieser Austausch die psychische Konstitution, wirkt aber in einer bestimmten „Weltsicht" wieder auf sich zurück. Die „Welt" wird gewissermaßen in der Psyche geformt und konstruiert – ob das Glas als halb voll oder halb leer angesehen wird, ist ein Ausdruck der Weltsicht. Eine jeweilige Weltsicht ist aber nicht unveränderbar, Austauschereignisse sind zunächst wertneutral und daher je nach den Umständen verschieden interpretierbar.

– Dennoch gibt es gewisse Grundähnlichkeiten zwischen den Menschen. Diese sind Voraussetzung für den sozialen Umgang aber auch mit einem gefahrlosen Umgang mit der Umwelt – und letztendlich auch für eine gesunde Arbeitsgestaltung.

Scheinbar deutlich einfacher haben wir es mit dem Terminus „Belastung". Das ist alles, was uns eine Last auflegt, was belästigend ist, bedrückend, bedrohend, einschränkend usw. Wenn wir einen belastenden Tag im Büro hatten, so wird dies negativ verstanden. Wir hatten unangemessenen Zeitdruck, Ärger mit dem Chef, der Computer ist „abgestürzt" usw.

Allerdings ist dies eben *nicht* das, was die Arbeitspsychologie bzw. der Arbeitsschutz unter dem Begriff Belastung verstehen.

Nach der neuen Norm DIN EN ISO 10075-1:2018-1 wird Belastung definiert als:

> **Psychische Belastung:** *„Gesamtheit aller erfassbaren Einflüsse, die von außen auf den Menschen zukommen und diesen psychisch beeinflussen."*

Der Belastungsbegriff ist völlig wertneutral und hat keine a priori-Verbindung zu negativen Einflüssen, wie die Norm in Ihrem Anhang erläuternd hinzufügt. Dementsprechend ist psychische Belastung auch nicht etwa an den Arbeitsprozess gebunden, sondern permanenter Bestandteil unseres täglichen Lebens. Die Vorstellung einer belastungsfreien Situation, die dem Allgemeinverständnis des Belastungsbegriffes verhaftet wäre, ist psychologisch fehl am Platze.

Egal, ob wir arbeiten, uns mit Freunden treffen, verliebt sind, etwas in Ruhe lesen usw., es kommt immer zu einer psychischen Belastung. Mit anderen Worten, Belastung ist genau das, was den oben erläuterten Austausch mit der Welt ausmacht, durch diese Belastung vollzieht sich unser „in die Welt gestellt sein" – und dies vollzieht sich 24 Stunden am Tag. Ein Leben ohne psychische Belastungen ist daher ein austauschfreies Leben, das keine Entwicklungsmöglichkeiten bietet, keine Abwechslung, keine Anregung. Eine Verkümmerung des psychischen Apparates und entsprechende Erkrankungen sind die Folge. Dies ist ja – um eine trauriges Beispiel zu bringen – gerade der gewollte Effekt von Isolationshaft: Das Zerbrechen der Persönlichkeit. Wir brauchen psychische Belastungen für eine gesunde seelische Entwicklung.

Die Frage ist daher nicht, ob es zu psychischen Belastungen kommt, sondern was diese mit uns machen.

Dies wird unter dem Begriff der Beanspruchung erfasst (DIN EN ISO 10075-1:2018-1):

> **Psychische Beanspruchung:** *„Unmittelbare Auswirkung der psychischen Belastung im Individuum in Abhängigkeit von seinen jeweiligen individuellen Voraussetzungen"*

Die Beanspruchung kann damit durchaus negative oder positive Effekte haben. Während die Belastungen als Einwirkungen noch neutral sind, wird die Reaktion alle drei Möglichkeiten umfassen können, positive, negative oder unentschiedene. Die Beanspruchungsreaktion findet im Körper statt und wird durch das Nervensystem, Hormone und andere physiologische Mechanismen vermittelt. Das Ergebnis können Glücksgefühle, Stresserscheinungen, Langeweile usw. sein, die dann später in positiven oder negativen Beanspruchungsfolgen enden können.

Insgesamt ergibt sich daher in seiner Grundstruktur eine Dreierkette: Belastungen wirken als Austausch mit der Welt auf die Psyche ein. Im Körper werden die Signale bewertet und nervös-humoral (also über das Nervensystem und die Hormone) beantwortet, was letztendlich zu Beanspruchungsfolgen führen wird (Abb. 1).

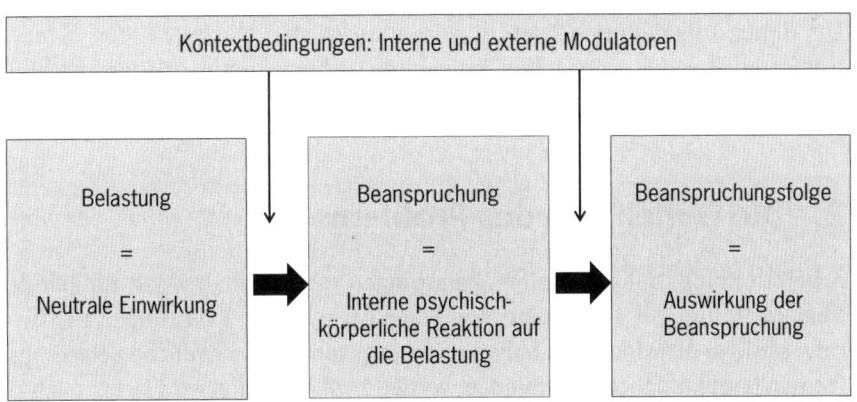

Abb. 1: *Einfaches Belastungs-Beanspruchungs-Modell zur Wirkung psychischer Belastungen: Belastungen als zunächst neutrale Einwirkungen führen in der betreffenden Person zu psychisch-körperlichen Beanspruchungen, die sich als Beanspruchungsfolgen darstellen. Dabei spielen die Kontextbedingungen, also z. B. die Arbeitsbedingungen, aber auch persönliche Eigenschaften eine modulierende Rolle. Die Beanspruchungen können sich sowohl als positiv als auch als negativ auf die Person auswirken. Belastung ist nicht per se negativ.*

Ob die Beanspruchung bzw. dann die Beanspruchungsfolgen sich negativ oder positiv auf den betroffenen Menschen auswirken, hängt von den Einwirkungen selbst und den modulierenden Umständen ab. In vielen Fällen sind i. d. R. nur negative Auswirkungen zu erwarten, z. B. bei Gewalterfahrungen, Katastrophen- und Kriegserlebnisse etc. In vielen anderen Situationen manifestieren sich jedoch positive Auswirkungen. Eine bewältigte Aufgabe kann Glücksgefühle und Befriedigung, das Gefühl der Bereicherung usw. nach sich ziehen. Dieses Gefühl wird noch gestärkt und gesteigert durch Lob, Anerkennung, Wertschätzung. Ich gehe aus der Belastungssituation gestärkt hervor und kann mit einem gewissen Selbstvertrauen, der nächsten Aufgabe entgegensehen.

Wird diese bewältigte Aufgabe aber z. B. durch Vorgesetzte oder Kollegen jedoch nicht gewürdigt, ggf. sogar als „uninteressant" oder als Selbstverständlichkeit gespiegelt, schlägt der zunächst positive Effekt in einen negativen um. Eine isolierte Belastungssituation sagt daher überhaupt nichts über die jeweiligen gesundheitsrelevanten Effekte aus. Erst eine Betrachtung der Kontextbedingungen lässt eine vollständige Würdigung der Bedingungen und sich möglicherweise einstellender positiver oder negativer Effekte zu. Genau dies ist aber die Aufgabe der Gefährdungsbeurteilung. In ihr werden psychische Belastungsmomente ermittelt und vor den betrieblichen Kontextbedingungen reflektiert. Ziel dieses Erkenntnisprozesses ist eine ggf. notwendige Korrektur des Arbeitssystems, um negative psychische Auswirkungen möglichst zu vermeiden oder zu minimieren.

Um dieser Aufgabe gewachsen zu sein, müssen aber alle beteiligten Akteure wenigsten über das notwendige Basiswissen verfügen, um das wir uns nachfolgend kümmern wollen.

2. Die Dimension des Problems

Arbeit ist immer mit psychischen Belastungen verbunden. Die galt zur Zeit der Pharaonen und gilt auch heute. Die Frage ist, ob diese Belastungen negative oder positive Auswirkungen haben und wie gesundheitsschädliche Belastungsformen heute möglichst vermieden werden können. Dabei wird sicher auch zu prüfen sein, wie viele Menschen von möglichen unzuträglichen Belastungen betroffen sind. Bevor wir uns aber diesen Fragen zuwenden, soll zunächst ein Überblick zur psychischen Situation der Gesamtbevölkerung gegeben werden. Das wird für eine Einordnung später wichtig werden.

3. Die psychische Situation der bundesdeutschen Bevölkerung

Nach den Studien von Thielen und Kroll (2013) befindet sich ein Großteil der Bundesbürger in einer psychisch befriedigenden Situation, wobei insgesamt rund 77 Punkte auf dem 100 Punkte umfassenden „Mental Health Inventory" (MHI) gemessen wurden. Diese allgemeine Aussage ist allerdings zu differenzieren, da es geschlechtsspezifische, alters- und beschäftigungsabhängige Unterschiede gibt. So liegen die Punktwerte in allen Altersklassen bei Frauen signifikant unter denen der Männer und sind über alle untersuchten Altersklassen sehr ähnlich. Bei den Männern fühlen sich offensichtlich die Männer über 55 Jahren am wohlsten, die niedrigsten Werte treten bei Männern zwischen 35 und 44 Jahren auf.

Eine wichtige Komponente, die offensichtlich erheblichen Einfluss auf das psychische Wohlbefinden hat, ist die Arbeit bzw. der Erwerbsstatus und die Einkommensverhältnisse. Abb. 2 stellt einen Teil der Ergebnisse aus der angeführten Untersuchung dar. Klar erkennbar ist, dass die höchste Zufriedenheit bei vollzeitiger Erwerbstätigkeit erlangt wird, die dann insbesondere bei den Männern drastisch abfällt, wenn Teilzeittätigkeiten oder geringfügigen Beschäftigungen nachgegangen wird. Die deutlich schlechteste Situation erfahren Arbeitslose, wobei Frauen in allen Kategorien z. T. sehr deutlich unter den Männern liegen.

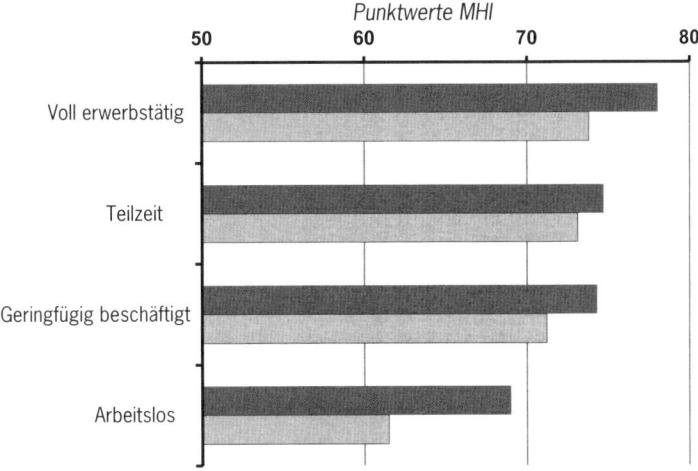

Abb. 2: *Abhängigkeit des psychischen Wohlbefindens von dem jeweiligen Erwerbsstatus. Schwarz = Männer, grau = Frauen. Nach Daten aus Thielen und Kroll (2013).*

Der negative Einfluss der Arbeitslosigkeit wird auch durch die Arbeitsunfähigkeitstage (AU-Tage) bekräftigt, die für fast alle Diagnosen weit oberhalb derer von Beschäftigten liegen. Für die Diagnosekategorie „Psychische und Verhaltensstörungen" liegen die AU-Tage arbeitsloser Menschen 350 % über jenen von Arbeitnehmern (Kroll und Lampert 2012). Zusätzlich zeigen regionale Betrachtungen, dass hohe Arbeitslosenquoten mit höherem Anteilen an psychischen Störungen in der Bevölkerung verbunden sind (Gerdau-Heitmann et al. 2017). Indirekt wird hierdurch die psychisch stabilisierende Funktion von Arbeit demonstriert, was leider häufig übersehen wird.

Allerdings variiert das psychische Wohlbefinden nicht nur in Abhängigkeit von der Beschäftigungssituation, sondern hängt auch von der Art der Tätigkeit ab. Vereinfacht ausgedrückt sind einfache und geistig wenig fordernde Berufe mit einem deutlich niedrigeren psychischen Wohlbefinden verbunden. So werden z. B. bei männlichen Ingenieuren, Managern und Technikern Spitzenpunktwerte um 80 erreicht, Agrarberufe, einfache manuelle Berufe und einfache Dienste liegen dagegen nur bei 76. Einen ähnlichen Trend finden wir bei Frauen, allerdings liegen sie mit ihrer Zufriedenheit in allen Tätigkeitsfeldern unter ihren männlichen Kollegen. Ähnliche Differenzen finden sich auch für den selbstberichteten allgemeinen Gesundheitszustand (Burr et al. 2013). Das Einkommen hat ebenfalls einen gewissen Einfluss auf das psychische Wohlbefinden: je höher das Einkommen, umso höher das psychische Wohlbefinden, wobei wieder die Frauen niedrigere Werte als Männer aufweisen. Einkommen scheint für Frauen ein deutlich geringerer „Wohlfühlfaktor" als für Männer zu sein.

Wo Licht ist, ist auch Schatten, psychisches Wohlbefinden und Störung des psychischen Wohlbefindens gehören beide zur Lebenswirklichkeit der Bevölkerung. So ergaben die Studien zur Gesundheit Erwachsener in Deutschland (DEGS), dass ca. 8 % der Bevölkerung eine depressive Symptomatik aufzeigen (Busch et al. 2013), 11 % unter chronischem Stress leiden (Hapke et al. 2013), fast 19 % über psychische Gewalterfahrungen berichten (Schlack et al. 2013a) und rund 23 % ein oder mehrmals pro Woche unter Einschlafstörungen leiden (Schlack et al. 2013b), wobei letztere sicherlich nicht nur auf psychische Probleme zurückzuführen sind.

Innerhalb der depressiven Symptomatik und des chronischen Stresses gibt es nur geringe Variationen zwischen den untersuchten Altersgruppen, was die Schlussfolgerung zulässt, dass die Arbeitnehmer weder stärker noch geringer betroffen sind als die Gesamtbevölkerung. Sollte es einen diesbezüglichen Effekt durch die Arbeit geben, ist er zumindest in diesen Erhebungen nicht erkennbar. Deutlich tritt aber bei allen vier Faktoren ein Gefälle entlang des Sozialstatus in Erscheinung, denn hoher Sozialstatus ist immer mit den niedrigsten Anteilen verbunden, während die höchsten Betroffenenquoten bei niedrigem Sozialstatus vorgefunden werden. Dies korrespondiert mit den o. g. Befunden zum psychischen Wohlbefinden.

Nach den ergänzenden Studien von Wittchen und Jacobi (2012) sowie z. B. Gerdau-Heitmann et al. 2017 sind etwa 33 % der Bevölkerung von mindestens einer psychischen Störung pro Jahr betroffen, das sind immerhin rund 27 Millionen Menschen. Innerhalb dieser psychischen Störungen sind Angst- und Alkoholstörungen absolut dominierend (Abb. 3). Diese psychischen Probleme sind in den Teilpopulationen der Bevölkerung sehr unterschiedlich verteilt. So sind Frauen weit häufiger von Angststörungen und Depressionen betroffen als Männer, während es bei Alkoholstörungen genau umgekehrt ist. Auch depressive Symptomatik und chronischer Stress werden bei Frauen deutlich häufiger berichtet als bei Männern. Bei psychischen Gewalterfahrungen ist das Verhältnis der Geschlechter jedoch nahezu ausgeglichen und interessanterweise entfällt der größte Einzelposten unter den diese Gewalt ausübenden Akteuren auf die Kategorie „Arbeitskollegen und Vorgesetzte" (34 % bei Männern, 29 % bei Frauen). Neben diesen nationalen Studien zeigen weitere Untersuchungen, dass psychische Störungen weiter verbreitet sind als bisher gedacht und ca. 80 % der Bevölkerung wenigstens einmal im Leben eine psychische Störung erleiden (Schaefer und Reuben 2018 und darin angegebene Literatur). Damit sind diese Erkrankungen häufiger als Diabetes, Herzerkrankungen oder Krebs. Glücklicherweise sind aber die meisten Episoden nur kurz und vorübergehend. Der Anteil schwerer und anhaltender psychischer Erkrankungen liegt weit niedriger.

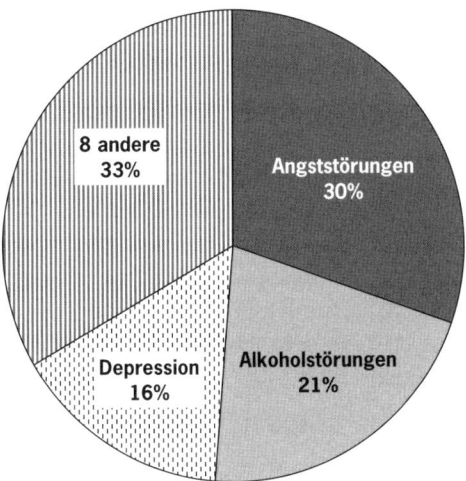

Abb. 3: *Aufteilung der berichteten psychischen Störungen innerhalb der bundesdeutschen Bevölkerung (zusammen 33 % der Bevölkerung; Wittchen und Jacobi 2012).*

Nun sind psychische Störungen keine Erkrankungen, die grundsätzlich mit einem Arbeitsausfall verbunden sein müssen. Die Feststellung einer bestimmten behandlungsbedürftigen Diagnose kann, muss aber nicht mit Arbeitsausfall verbunden sein, denn viele Störungen sind ja im Rahmen einer Therapie behandlungsfähig, ohne dass deswegen die Arbeit unterbrochen werden muss. Dennoch spielen Arbeitsausfallsereignisse eine wichtige Rolle in den Statistiken.

4. Arbeitsausfall und Berentung durch psychische Störungen

Die Auswirkungen psychischer Belastungen auf die Arbeitsunfähigkeit lassen sich unter zwei Gesichtspunkten betrachten:

a) Die relative oder absolute Zahl an Krankheitsfällen (Diagnosen),

b) Die mit der Erkrankung verbundene Ausfallzeit (AU-Tage).

Beide Sichtweisen haben ihre Berechtigung, denn unter dem Aspekt der Volksgesundheit spielen vor allem die aktuellen Erkrankungszahlen („Prävalenz") sowie die in einer bestimmten Zeiteinheit auftretenden Fälle an Neuerkrankungen („Inzidenz") eine Rolle. Dies ist die epidemiologische Sicht, in der es darum geht, die Verbreitung und Ursachen von Krankheiten in der Bevölkerung festzustellen. Die Betrachtung von Ausfallzeiten dagegen ist eher einer volkswirtschaftlichen Sicht verhaftet, da hinter den Ausfallzeiten Behandlungs-kosten, Produktionsausfälle u. a. Kosten stehen.

Abb. 4 stellt die Entwicklung der Arbeitsausfälle (getrennt nach Diagnosezah-len und AU-Tagen) dar, wie sie sich aus den Zahlen der Bundesanstalt für Arbeitsschutz und Arbeitsmedizin (BAuA) ergeben. Insgesamt gesehen machen Arbeitsunfähigkeitsdiagnosen wegen psychischer und Verhaltensstörungen etwa 4–5 % aller Diagnosen aus. Dieser mittlere Wert ist nicht sehr hoch, ca. nur jeder 20. Beschäftigte, der einen Arbeitsausfall erleidet, hat eine entspre-chende Diagnose. Die Arbeitsunfähigkeitstage sind dagegen zurzeit mit im Mittel rund 12 % aller AU-Tage deutlich höher, was den jeweils langen Krank-heitsdauern geschuldet ist.

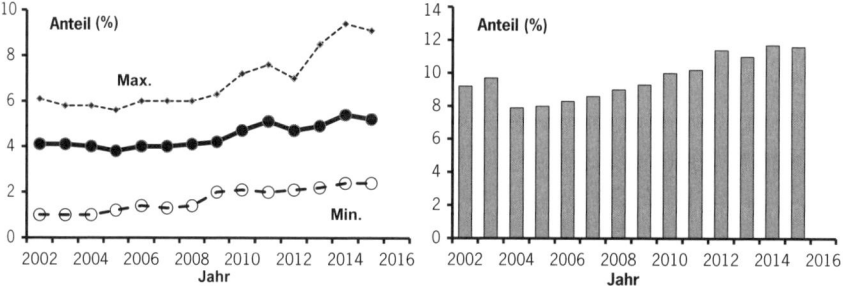

Abb. 4: *Entwicklung der Arbeitsausfälle durch „psychische Erkrankungen und Störungen"
2002–2015. Links die Diagnosezahlen als Anteil aller Diagnosen. Man beachte die breite
Streuung mit weit auseinander liegenden Maxima und Minima. Rechts die entsprechenden
Anteile an den Ausfallzeiten. Daten aus den SuGA-Berichten der BAuA für die entsprechenden
Jahre.*

Bedeutsamer als die reine Betrachtung der mittleren Verhältnisse ist aber die Wahrnehmung der breiten Streuung, wie sich aus den Diagnosezahlen ergibt. Es gibt Berufsfelder mit einem sehr hohen Krankenstand und solche, bei denen psychische Störungen eine geringere Rolle spielen (Tab. 1). Wird der hier dokumentierte Gesamtzeitraum betrachtet, so steigen sowohl die Diagnose- als auch die Ausfallzeiten kontinuierlich an, dies vor allem in den „kritischen" Berufen. Im Allgemeinen ist aber der Anstieg weit weniger dramatisch als durch die mediale Aufbereitung suggeriert. Ähnliche, wenn auch jeweils leicht abweichende Zahlen ergeben sich aus den Gesundheitsberichten der Kranken-kassen.

Allerdings ist hier anzumerken, dass die Daten mit Vorsicht interpretiert wer-den müssen. Die Diagnoseanteile beziehen sich auf alle Diagnosen, die im Bezugsjahr zu Arbeitsausfall geführt haben. Darunter eben auch so „neben-sächliche" Erkrankungen wie grippale Infekte mit nur wenigen Ausfalltagen. Eine starke Verschiebung in diesem Segment führt dann aber auch zu Verände-

Tab. 1: *Die fünf Berufsfelder mit den jeweils höchsten und niedrigsten AU-Diagnosen für „Psychische- und Verhaltensstörungen" für das Jahr 2015. Datenquelle: SuGA (2015). Der Prozentanteil ist bezogen auf 100 Diagnosen von 100 Mitgliedern der Gesetzlichen Krankenversicherung.*

Berufsfelder mit hohen Diagnosewerten		Berufsfelder mit niedrigen Diagnosewerten	
Berufsfeld	%-Anteil	Berufsfeld	%-Anteil
Öffentliche Verwaltung, Verteidigung und Sozialversicherung	9,1	Land-, Forstwirtschaft/Fischerei	2,4
Gesundheits- und Sozialwesen	7,6	Baugewerbe	3,2
Sonstige Dienstleistungen	7,1	Gastgewerbe	3,8
Freiberufliche wissenschaftliche und technische Dienstleistungen	5,6	Information und Kommunikation	4,1
Nahrung und Genuss	5,5	Erziehung und Unterricht	4,3

rungen in den anderen Diagnoseklassen. Würde also z. B. in einem Jahr die Zahl dieser „Bagatellerkrankungen" auf einmal auf das Doppelte steigen, käme es schon aus mathematischen Gründen zu einer Senkung der prozentualen Diagnosewerte bei den psychischen Belastungen.

Es mag also daher durchaus sinnvoll sein, sich auf die schweren Erkrankungsformen, also z. B. alle Krankheiten mit im Mittel mehr als 14 Tage Ausfallzeit zu beschränken (also 2 Kalenderwochen). Im Jahr 2015 entfielen ziemlich genau 2/3 aller Diagnosen auf Krankheiten mit weniger als 14 Tage Ausfallzeit (wobei hier der Einfachheit halber Verletzungen und Unfälle als „Krankheiten" mit angesehen werden).

Bei Konzentration auf die vier Ausfallkategorien mit mehr als 14 Tage AU-Zeit ergeben sich die folgenden relativen Anteile:

Ausfallkategorie	%-Anteil
Krankheiten des Muskel-Skelett-Systems/Bindegewebe	49
Verletzungen, Vergiftungen, Unfälle	23
Psychische und Verhaltensstörungen	16
Krankheiten des Kreislaufsystems	12

Also grob ein Sechstel aller schwereren Erkrankungen geht auf psychische Belastungen zurück, bei den Ausfallzeiten beträgt dieser Anteil dann immerhin 22 %.

Die ist – wie schon gesagt – der besonders langen mittleren Krankheitsdauer bzw. der langen Ausfallzeit geschuldet. Wie Abb. 5 zeigt, sind die durch psychische und Verhaltensstörungen bedingten Ausfallzeiten mit Abstand die längsten. Nach den Daten der BAuA beträgt die mittlere Ausfallzeit 27 Tage.

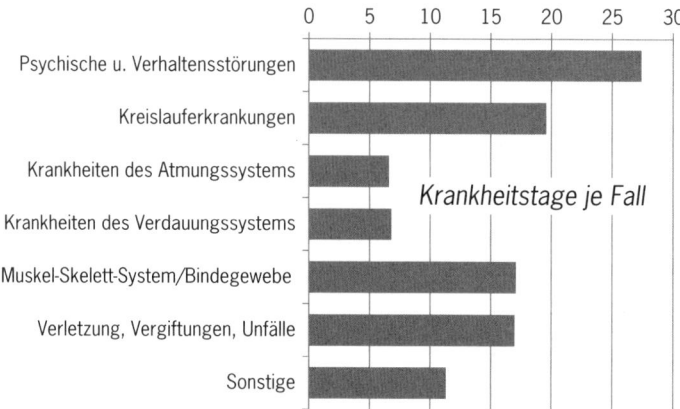

Abb. 5: *Darstellung der mittleren Ausfallzeit pro Erkrankungsperiode nach den verschiedenen Ursachen. Psychische und Verhaltensstörungen weisen mit Abstand die längste Erkrankungsdauer auf. Hieraus erklärt sich, dass eine relativ geringe Diagnosezahl zu erheblichen Ausfallzeiten führt. Daten: SuGA 2015.*

Ähnliche, z. T. deutlich höhere Zeiten werden von den Krankenkassen in ihren Gesundheitsreports angegeben, so berichtet die BKK 36 Tage pro Fall, die Techniker Krankenkassen gar 45 Tage/Fall. Im Grunde ist es dabei egal, welche die „richtigere" Zahl ist, entscheidend ist, dass Krankheiten im Bereich psychischer und Verhaltensstörungen zu den längsten und – gemessen an diesem Kriterium – schwersten Erkrankungen gehören.

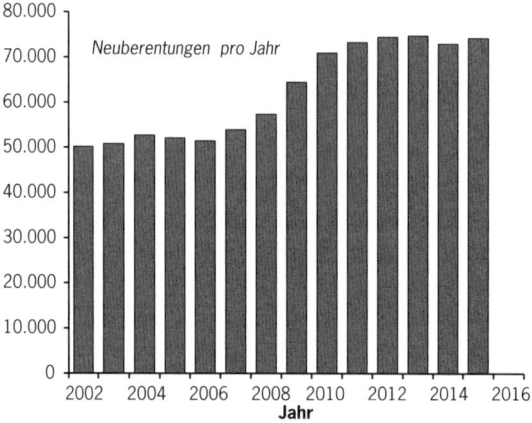

Abb. 6: *Entwicklung der Neuberentungen aufgrund psychischer und Verhaltensstörungen 2002–2015 nach den Angaben in SuGA für die einzelnen Jahre. Auffällig sind die beiden mehr oder weniger konstanten Berentungszahlen zwischen 2002 und 2007 bzw. und ab 2010. Dies spricht eher für einen Wechsel der Anerkennungspraxis im Zeitraum 2008/2009 als für einen sprunghaften Anstieg der Betroffenenzahlen.*

Letztendlich spiegelt sich dies auch in den Frühberentungen wieder. Abb. 6 zeigt die Entwicklung der Frühberentungen wegen psychischer und Verhaltensstörungen von 2002 bis 2015. In den ersten Betrachtungsjahren lag die Berentungszahl pro Jahr relativ konstant bei ca. 50 000 Fällen im Jahr, stieg um 2008 plötzlich deutlich an und erreichte ab 2011 ein konstantes Niveau von mehr als 70 000 Fälle pro Jahr. Der Anteil der psychischen und Verhaltensstörungen stieg damit von rund 30 % aller Frühverrentungen auf knapp 50 %.

Dies muss nicht unbedingt einer Verschärfung der Gesundheitssituation geschuldet sein, denn insbesondere Verrentungen unterliegen einem komplexen Beurteilungsverfahren, weshalb es nicht ausgeschlossen werden kann, dass die Ablehnungsquote vor ca. 2008 höher war als heute und erst im Zeitraum 2008–2010 eine entsprechende Umorientierung stattfand. Der plötzliche starke Anstieg bei gleichbleibenden Niveaus vorher und nachher deutet eher in diese Richtung. Wenn jedoch in einem Zeitraum von 14 Jahren knapp 900 000 Personen, also etwas über 1 % der Bevölkerung, wegen psychischer Probleme frühberentet werden (musste), kann dies nicht einfach übergangen werden. Dies wirft natürlich die Frage auf, wie viele Personen in absoluten Zahlen hinter den oben genannten Prozentangaben stehen. Wie viele Menschen erleben denn während eines Jahres eine oder mehrere Arbeitsausfälle wegen psychischer und Verhaltensstörungen?

Leider hat der Autor hier keine Absolutzahlen gefunden, diese lassen sich aber nach dem SuGA-Bericht 2015 abschätzen. Nach der Tabelle TD4 entfielen 9,6 Diagnosen bzgl. psychischer Probleme auf je 100 Versicherte der Gesetzlichen Krankenversicherung (GKV). Die Gesamtzahl aller Diagnosen betrug 185 Diagnosen pro 100 GKV-Mitglieder, d. h. im Durchschnitt kam es zu zwei Krankschreibungen pro Jahr und Person in dem erfassten Kollektiv. Die oben genannte Diagnosezahl muss daher entsprechend nach unten korrigiert werden, um auf die Zahl der Betroffenen zu kommen. Die Umrechnung ergibt, dass 5,2 von 100 GKV-Mitgliedern mindestens eine mit Arbeitsausfall verbundene Diagnose zu psychischen und Verhaltensstörungen erhalten haben. Da es 2015 insgesamt 31 Millionen GKV-Versicherte gab, errechnet sich eine Anzahl an betroffenen Menschen von 1,6 Millionen, also rund 2 Millionen, als leicht zu merkender „Daumenwert".

5. Anteil der psychisch belasteten Arbeitnehmer

Arbeitsausfälle und Berentungen stellen das Ende einer oft langjährigen Entwicklung dar, die mit Belastungen begann. Es ist daher aus Sicht der Prävention von fast größerem Interesse, zu erfahren, wie viele Arbeitnehmer real belastet sind, als die genaue Erkranktenzahl zu kennen. Die Masse der belasteten

Arbeitnehmer stellt ja das Reservoir dar, aus dem sich ein hoher Anteil der Erkrankten und Berenteten speist.

Eine gute Abschätzung der Zahl an exponierten Personen lässt sich anhand der Daten der BIBB-/BAuA-Erwerbstätigenbefragung von 2012 vornehmen. Dabei wurden insgesamt 17 562 abhängig erwerbstätige Menschen bezüglicher ihrer Arbeitsbedingungen, u. a. auch der psychisch relevanten Bedingungen, befragt. Die Daten der Studie sind veröffentlicht (Wittig et al. 2013) und u. a. in den Stressreport Deutschland 2012 eingegangen (Lohmann-Haislah 2012). Auf Grundlage einer derart breiten Datenlage ist es möglich, die erhaltenen Ergebnisse auf die Arbeitsbevölkerung (hier als 40 Millionen angenommen) hochzurechnen. Das Ergebnis ist in Tabelle 2 dargestellt.

Wie deutlich wird, ist der weitaus überwiegende Teil der Arbeitnehmer gegen mind. einen Belastungsfaktor exponiert. Realistisch darf davon ausgegangen werden, dass die meisten Arbeitnehmer von mehreren Faktoren gleichzeitig betroffen sind. Soll aus diesen Befunden eine allgemein Zahl abgeleitet werden, so würde der Autor eher einen konservativen Ansatz wagen (auch Befragungen sind nicht frei von Ungenauigkeiten) und zusammenfassend feststellen, dass etwa die Hälfte der Arbeitnehmer häufig psychische Belastungssituationen erleben.

Tab. 2: *Abschätzung der von möglicherweise negativen psychischen Belastungsfaktoren betroffenen Personen in der deutschen Arbeitnehmerschaft nach Daten aus der BIBB-/BAuA-Erwerbstätigenbefragung. Datengrundlage: Wittig et al. 2013.*

Belastungsfaktor	Geschätzte Personenzahl (gerundet)
Verschiedene Arbeiten gleichzeitig betreuen	24 Millionen
Starker Termin- und Leistungsdruck	21 Millionen
Ständig wiederkehrende Arbeitsvorgänge	19 Millionen
Bei der Arbeit gestört, unterbrochen	17 Millionen
Sehr schnell arbeiten müssen	16 Millionen
Konfrontation mit neuen Aufgaben	16 Millionen
Stückzahl, Leistung, Zeit vorgegeben	12 Millionen
Verfahren verbessern, Neues ausprobieren	16 Millionen
Arbeitsdurchführung detailliert vorgeschrieben	10 Millionen
Kleine Fehler, große Verluste	7 Millionen
Arbeiten an der Grenze der Leistungsfähigkeit	7 Millionen
Nicht rechtzeitig über Entscheidungen, Veränderungen, Pläne für die Zukunft informiert	6 Millionen
Nicht alle notwendigen Informationen für die eigene Tätigkeit	4 Millionen
Nicht Erlerntes/Beherrschtes wird verlangt	3 Millionen

Dies bedeutet nicht automatisch, dass sich die Personen durch den jeweiligen Einflussfaktor auch tatsächlich belastet *fühlen*, aber dies wird an anderer Stelle näher betrachtet, und es bedeutet auch nicht, dass in allen Fällen negative Beanspruchungsfolgen entstehen. Die Entwicklung negativer Effekte ist ein komplexer Prozess, der neben der reinen Exposition auch noch andere Voraussetzungen zu berücksichtigen hat.

Infobox

Zusammenfassend lässt sich feststellen, dass:

— Etwa 20 Millionen Arbeitnehmerinnen und Arbeitnehmer häufig Belastungssituationen erfahren, die nach wissenschaftlicher Erkenntnis geeignet sein können, negative Beanspruchungsfolgen zu zeigen.

— Dies erlaubt aber noch keine Aussage, ob die negativen Folgen auch tatsächlich eintreten werden.

— Etwa 6 % der pro Jahr erkrankenden Arbeitnehmer leiden unter psychischen und Verhaltensstörungen, was etwa 14 % der Gesamtausfallzeiten ausmacht.

— Das sind etwa 2 Millionen Menschen.

— Dabei herrscht aber eine hohe Varianz zwischen den Berufsfeldern, wobei insbesondere die öffentliche Verwaltung, das Gesundheits- und Sozialwesen sowie der Dienstleistungsbereich betroffen sind.

— Jedes Jahr müssen zurzeit ca. 75 000 Personen aufgrund psychischer Probleme vorzeitig berentet werden. Das Durchschnittsalter der Berentung liegt hier bei knapp unter 50 Jahren.

— Insbesondere bei den Erkrankungen und Berentungen darf nicht voreilig auf die Arbeit als auslösender Faktor geschlossen werden. In beiden Fällen liegt i. d. R. ein multifaktorieller Ablauf vor.

---

6. Alles durch die Arbeit?

Der Gedanke ist naheliegend: Ausfallzeiten in der Arbeit werden auch durch die Arbeit hervorgerufen und insbesondere die intensive Diskussion der letzten Jahre zu den psychischen Belastungen im Arbeitsprozess bestärken diesen Eindruck. Daran sind die Presse, die Krankenkassen, die Unfallversicherungsträger und letztendlich auch die Politiker nicht unschuldig. So verkündete ein großes Nachrichtenmagazin „Volkskrankheit Nummer eins – Psychische Probleme durch Arbeitsstress steigen" (Focus online vom 13. 05. 2013) und Ursula von der Leyen, damalige Bundesministerin für Arbeit und Soziales, zeigte sich in einer Pressekonferenz am 29. 01. 2013 tief besorgt, dass aufgrund der gestiegenen Erkrankungszahlen und Ausfallzeiten Handlungsbedarf in den Betrieben bestände. Was natürlich dann auch für grippale Infekte gelten müsste: Die Verbindung von Ausfallzeiten mit dem Arbeitsprozess impliziert bei Laien einen kausalen Zusammenhang, der aber nicht vorhanden ist bzw. nicht in dieser Form behauptet werden kann. Bei grippalen Effekten wird der Schluss auch nicht gezogen, bei psychischen Belastungen aber meist doch.

Psychische Erkrankungen bzw. Störungen sind ein ausgesprochen komplexes Phänomen, das nicht monokausal einem auslösenden Faktor zugeordnet werden kann. Natürlich können schlechte gestaltete Arbeit, Zeitdruck und weitere Stressoren zu erheblichen Belastungen führen, die ggf. auch Erkrankungen/Störungen hervorrufen können. Was aber letztendlich die Ursache für eine Erkrankung ist, wissen wir nicht. Die in allen Reporten gegebenen Krankenzahlen beruhen auf einem Verschlüsselungssystem, dem ICD 10 (ICD = International Statistical Classification of Diseases and Related Health Problems). Dieses System erlaubt es den Ärzten und Psychotherapeuten, diagnostizierte Krankheiten einer bestimmten Schlüsselnummer zuzuordnen.

Für den Bereich der psychischen Probleme ist dies das Kapitel 5 mit dem Nummernkreis F00–F99, wobei z. B. F 32 eine „Depressive Periode" repräsentiert und F 51 „Nichtorganische Schlafstörungen". Für statistische Zwecke ist dieses System gut geeignet, da es schnell einen Überblick zu der Verbreitung bestimmter Leiden ermöglicht. Im Codierungssystem sind aber keine Ursachenaussagen hinterlegt. Ob also die depressive Periode aufgrund von Einflüssen der Arbeit oder häuslicher Probleme entstanden ist, kann das System nicht beantworten. Es gibt keine Kategorie „Depressive Periode durch die Arbeit" o. Ä. Die in den Statistiken auftauchenden Zahlen sind daher eine Ansammlung von Erkrankungstypen, denen jeweils durchaus unterschiedliche Anlässe zugrunde liegen. Die Zahl der Ausfalldiagnosen und -zeiten gibt keinerlei Auskunft über die letztendlichen Ursachen für die Ausfälle. Sie alle einseitig einem Faktor, z. B. der Arbeit, zuzuschreiben ist daher nicht haltbar.

Die fehlenden Begründungen im ICD-10-System sind nicht von ungefähr, denn mittlerweile wird immer mehr davon abgegangen, Erkrankungen einer bestimmten Ursache zuzuschreiben. Krankheiten sind in vielen Fällen ein Ergebnis des Zusammenwirkens körperlicher, psychischer und sozialer Faktoren, die jeder allein für eine Erklärung nicht ausreichen, deren Zusammenspiel eine Krankheit begünstigen, aber auch verhindern kann. Eine dieser Vorstellungen ist das Biopsychosoziale Modell. Zwar ist dieses Modell nicht frei von Kritik, aber eine typische 1:1-Ursache-Wirkungsvermutung ist auch ohne dieses Modell nicht mehr Stand der Wissenschaft.

Exemplarisch wird dies z. B. durch die Stressstudie 2016 der Techniker Krankenkasse demonstriert. Befragt wurden 1200 Personen als repräsentativen

Querschnitt der Bevölkerung[1] u. a. bzgl. der Auslöser von persönlich empfundenem Stress. Die Ergebnisse sind vereinfachter Form in Abb. 7 dargestellt. Wie leicht zu erkennen ist, sind die drei wichtigsten Stressoren die Arbeit, hohe Ansprüche an sich selbst und Termine in der Freizeit. Danach folgen weitere Aspekte, die ebenfalls nicht mit der Arbeit zusammenhängen.

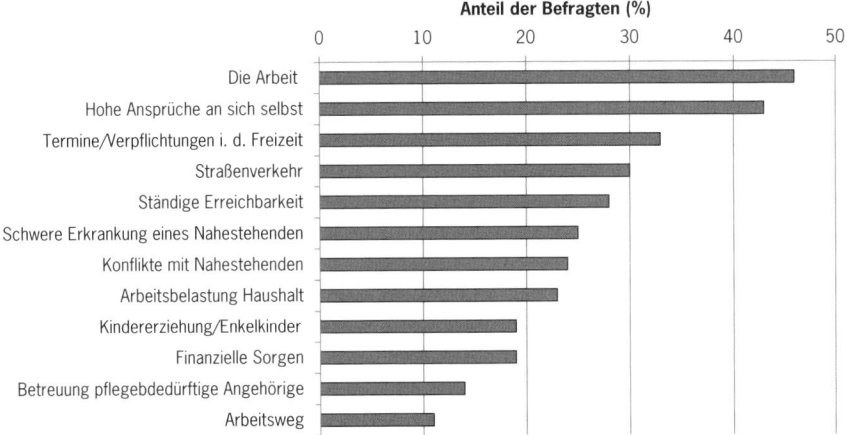

Abb. 7: *Ergebnisse der Befragung durch die Techniker Krankenkasse zu den Stress auslösenden Faktoren nach der TK-Stressstudie 2016. Dargestellt sind nur die Gesamtergebnisse ohne die Geschlechteraufteilung. Während im Bereich der Arbeit die Männer sich stärker belastet fühlen als die Frauen, haben deutlich mehr Frauen hohe Ansprüchen an sich selbst. In der Freizeit ist das Geschlechterverhältnis ausgeglichen.*

Infobox

Psychische Belastungen und dann ggf. psychische Erkrankungen sind also neben der Arbeit auch auf personengebundene und externe Faktoren zurückzuführen, wobei die Lebenssituationen außerhalb der Arbeit (z. B. Freizeit, Betreuung von Eltern u. a.) einen nicht minder bedeutsamen Einfluss haben können als die Arbeit.

Die Arbeit pauschal als Auslöser psychischer Erkrankungen anzusehen, ist weder durch die vorhandenen Daten unterstützt noch entspricht es den komplexen Lebensbedingungen unserer Zeit.

Wir kennen den Anteil derjenigen, die allein aufgrund der Arbeit eine psychische Störung erleiden schlicht, nicht. Allerdings ist die Arbeit im Vergleich zum Privatleben ein relativ leicht zu steuernder Bereich und das Arbeitsschutzgesetz

---

1   Techniker Krankenkasse 2016: Entspann dich Deutschland – TK Stressstudie 2016.

sieht im § 4 Nr. 1 eine Minimierung physischer und psychischer Belastungen vor. Dadurch wird der Arbeitsschutz letztendlich zu einer Säule der Volksgesundheit, ohne dass selbst eine optimale Arbeitsgestaltung – als nur ein Baustein von Vielen – psychische Erkrankungen grundsätzlich vermeiden könnte.

7. Haben die Belastungen zugenommen?

Die Zahlen scheinen zu beweisen, dass die psychischen Erkrankungen und damit die psychische Überlastungen in den letzten zwei Jahrzehnten drastisch gestiegen sind. Dies lässt sich sowohl aus den Daten der Abb. 4 als auch aus den Zeitreihendarstellungen der diversen Krankenkassenreports herauslesen.

Schauen wir zunächst auf die Erkrankungen. Grundlage sind dabei Vergleiche der Erkrankungszahlen von heute mit denen, die in den 90er und teilweise bereits in den 70er Jahren erhoben wurden. Aufgrund dieser Zahlen scheint es zu dem beobachteten Anstieg gekommen zu sein. Allerdings sind die Ergebnisse zwischen den Krankenkassen durchaus sehr unterschiedlich: während z. B. die DAK einen drastischen Anstieg ab 1997 bis heute verzeichnet, ergeben die Daten der BKK von 1994 bis 2008 fast gar keinen Anstieg, erst danach ist eine stärkere Zunahme zu verzeichnen.

Insgesamt leiden aber alle Vergleiche unter folgenden Problemen:

– Die Zahlen nach dem Jahr 2000 sind nicht vergleichbar mit denen davor, besonders nicht mit jenen aus den 80er und 70er Jahren. Dies liegt daran, dass das sog. ICD-10-System zur Diagnosedokumentation erst ab dem Jahre 2000 voll angewendet und vorher andere Dokumentationstypen bzw. -kategorien verwendet wurden. Methodisch bedingte Inhomogenitäten in Zeitreihen sind aber für Allgemeinaussagen höchst problematisch.
– Zahlen aus früheren Jahren sind mit hoher Wahrscheinlichkeit nicht korrekt zugeordnet. So wurde häufig z. B. eine Muskel-Skelett-Diagnose erstellt, obwohl es sich um eine psychische Ausgangsbelastung handelte; Dies beruhte auf dem weitgehenden stigmatisierenden Charakter psychischer Probleme (Jacobi 2009).

Es ist daher anzunehmen, dass die Zahl der psychisch bedingten Erkrankungen schon früher sehr viel höher war als dokumentiert wurde. Es steigt also möglicherweise nicht die Zahl der Erkrankungen, sondern die Zahl der *registrierten* Erkrankungen. Die beobachteten Anstiege sind dann nur ein Indiz dafür, dass die heutigen Zahlen die Realität einer modernen Industriegesellschaft besser abbilden als z. B. noch vor 20 Jahren. Dem steht nicht entgegen, dass in neuerer Zeit tatsächlich dieser Krankheitsfaktor eine stärkere Rolle als früher spielt, denn die meisten Quellen stimmen darin überein, dass es einen deutlichen Anstieg erst in den letzten 10 Jahren gegeben hat – aber bei weitem nicht in dem berichteten oder gar medial „aufgepeppten" Ausmaß.

Interessanterweise findet eine stringente Studie zu diesem Komplex keinerlei Hinweise auf eine generelle Zunahme psychischer Störungen innerhalb der letzten 50 Jahre (Richter et al. 2008). Dies schließt jedoch nicht aus, dass es Berufsgruppen gibt, die nicht nur eine höhere theoretisch Erkrankungswahrscheinlichkeit, sondern auch real deutlich gestiegene Krankheitszahlen aufweisen. Aber dies kann nicht auf die gesamte Arbeitswelt extrapoliert werden. Allerdings ist die zitierte Arbeit relativ alt, sofern der signifikante Anstieg sich tatsächlich erst in den letzten 10 Jahren vollzog und daher in der genannten Studie auch noch nicht berücksichtigt werden konnte.

Bezüglich der Überlastungen, die unterhalb der Krankheitsschwelle bleiben, haben wir praktisch keine auswertbaren Daten. Befragungen wie der DGB-Index Gute Arbeit, mit Fragen wie „Ich habe den Eindruck, dass ich in den letzten Jahren immer mehr in der gleichen Zeit schaffen muss" sind für die Aufnahme der momentanen Situation hilfreich, aber sie sind nicht geeignet, daraus „historische" Schlussfolgerungen zu ziehen. Mit hoher Wahrscheinlichkeit hätten die Arbeitnehmer die gleiche Frage vor 30–40 Jahren ebenfalls überwiegend positiv beantwortet. Ob also psychische Belastungen „an sich" zugenommen haben, können wir nicht klar beantworten, es ist jedoch nicht auszuschließen. Tendenziell ist zu beobachten, dass Arbeit zunehmend verdichtet wird, Leerzeiten und personelle Polster abgebaut und viele typische Tätigkeitsfelder ausgegliedert oder an Subunternehmer abgegeben werden. Die Konsequenz ist in vielen Unternehmen eine Konzentration auf Kernaufgaben und/oder multiplen Aufgabenspektren mit einem Minimum an Personal bei gleichzeitig unsicherer Arbeitssituation unter stringenten Zeitvorgaben.

Dies geht aber gleichzeitig mit immer komplexer werdenden außerbetrieblichen Lebensbedingungen einher. Rosa (2005) definiert Beschleunigung als Mengenzuwachs pro Zeiteinheit. In der Tat vollzog sich innerhalb der letzten 40–50 Jahre geradezu eine sprunghafter Anstieg der Menge an allem: Wissen, Waren, Wahlmöglichkeiten der Lebenssituationen u. a. Die Folge ist eine Beschleunigung der Veränderung einhergehend mit einem Anstieg von Optionen in nahezu allen Lebensbereichen, da gleichzeitig auch alte Rollenbilder verblichen sind oder ganz aufgegeben wurden. Diese Zunahme der Optionen und das Auswechseln der jeweils relevanten und gesellschaftlich notwendigen oder anerkannten Mainstream-Einstellungen („Turnover") führen in jedem Teilbereich zu einer Kaskade von Herausforderungen, Entscheidungen und Aktionen.

Ein anekdotischer Einschub mag das verdeutlichen: Als der Autor noch Kind war, bestand die Anschaffung eines Telefons in einem Gang zur Post, dem Ausfüllen eines Formulars und der diffizilen Entscheidung, ob das von der Post zur Verfügung gestellte Standardmodell in weißer oder schwarzer Ausführung geliefert werden sollte. Das war's. Preise, Modell, Zeitschiene bis zum Anschluss des Telefons usw. waren festgelegt und liefen „wie von selbst".

Wer heute telefonieren möchte, muss sich dagegen klar werden, welches Gerät überhaupt in Frage kommt – Festnetz, Handy, Smartphone, wenn ja, welches, von welcher Firma. Dann der Tarif. Bei welchem Anbieter, Flatrate, Minutenabrechnung, mit SMS oder gleich mit Internet, Sonderangebotstarife auf Zeit usw. ...?

Diese Zunahme der Optionen bedingt, wie bereits erwähnt, Entscheidungskaskaden in allen Lebensbereichen, nicht nur bei der Arbeit, sondern auch bei der Organisation des Haushalts, der Freizeitgestaltung usw. Es kommt zu dem sog. Optionsstress (Ducki et al. 2012). Mithin finden wir eine Beschleunigung von allem, und einen hohen Turnover, d. h. ein hohes Auswechseln und Neudefinieren der relevanten Options- und Lebenslösungen in allen Bereichen, nicht nur im Kontext der Arbeit. Das Leben als solches ist schneller, instabiler, flexibler geworden und zwingt uns immer erneut zu Entscheidungen und Änderungen unseres Verhaltens sowie in unseren Einstellungen zu privaten, beruflichen und gesellschaftlichen Rahmenbedingungen. Was heute gilt, gilt morgen nicht mehr, was einst gelernt wurde, ist im Wesentlichen verfallen. Wandel und Erneuerung in immer schnelleren Zeittakten sind das Wesen heutiger Industrienationen. Stress, definiert als Anzahl der Belastungsmomente pro Zeiteinheit, hat – so die Diagnose – in allen Lebensbereichen zugenommen.

Ob dies jedoch die negativen Effekte ausreichend erklärt, lässt sich vermuten, aber nur schwer beweisen, denn wir kennen die Zustände in der Vergangenheit nicht in dem notwendigen Ausmaß. Die negativen psychischen Beanspruchungen, die sich aus der Freiheit der Wahlmöglichkeiten und der Auflösung von Rollenzwängen ergeben, müssen nicht automatisch mehr oder schlimmer sein als die, die sich durch Zwänge früherer stärker strukturierter Gesellschaftsformen auferlegt wurden. Leiden Menschen heute ggf. unter zu starken Wahlmöglichkeiten, waren vor hundert Jahren vielleicht gerade die fehlenden Optionen eines Lebens psychisch belastend. Autoren wie Strindberg, Ibsen u. a. haben dies in ihren Büchern immer wieder aufgegriffen.

Eines dürfte jedoch sicher sein: Die psychischen Belastungen durch die Arbeit haben mit hoher Wahrscheinlichkeit nicht zugenommen, aber die Formen der Belastungen haben sich geändert. Arbeit war immer mit psychischen Belastungen verbunden, wie später näher dargestellt wird. Bereits vor knapp 65 Jahren wurde – wenn auch mit anderen Begrifflichkeiten – z. B. deutlich auf den Zusammenhang zwischen Arbeitsgestaltung einerseits und dem Kranken- oder Gesundheitsstand andererseits hingewiesen (Heiss und Franke 1964).

Es ist deshalb nicht wahrscheinlich, dass uns zurzeit etwas fundamental Neues entgegentritt oder in einem ungewöhnlichen, bisher nie dagewesenen Ausmaß auftritt. Wir nehmen es nur stärker wahr, sind aufmerksamer geworden und bereiter, es nicht als „gegeben" und unabdingbar zu akzeptieren.

8. Exkurs: Die mediale Aufbereitung

Eine Fachkunde setzt nicht nur reines Faktenwissen voraus, sondern muss auch über Instrumente verfügen, Informationen zu sammeln und fachgerecht zu bewerten. Dies ist vor allem im Umgang mit Medien von grundlegender Bedeutung.

Die wenigsten von uns erheben wissenschaftliche Daten an den Quellen, sondern müssen medial aufbereitete Zusammenhänge *nach kritischer Prüfung* akzeptieren und ggf. weiterkommunizieren. Das gilt im Prinzip in gleicher Weise für die Darstellungen in wissenschaftlichen Organen wie für die Botschaften aus „Light-Medien" wie Presse und TV. Die Wahl des Mediums zur Informationsaufnahme spielt dabei sicher eine wichtige Rolle. So wird eine Studie der BAuA eher etwas anderes sein als ein 2-Spalten-Bericht in der örtlichen Tagespresse. Die Bedeutung der Wahl von Medien wird hier aber als bekannt vorausgesetzt und soll nicht näher betrachtet werden.

In der Aufbereitung der Daten kommt es aber immer wieder zu Darstellungsformen und Fehlinterpretationen, die geeignet sind, Zusammenhänge zu verzerren oder zu unvollständigen bzw. missverständlichen Botschaften zu führen. Solche „Fallen" sollte eine fachkundige Person kennen. Nachfolgend werden die wichtigsten kurz erläutert und mögen als Hilfen verstanden werden, medial aufbereitete Aussagen zu bewerten oder zu hinterfragen.

8.1 Die Absolutzahl-Falle

Wie bereits erwähnt, erklärte auf einer Pressekonferenz am 27. 01. 2013 die damals zuständige Ministerin, dass durch psychische Erkrankungen jährlich 59 Millionen Arbeitstage verloren gingen. Diese hohe Zahl ging durch die Presse und wurde von vielen Interessierten gerade wegen ihrer Höhe aufgegriffen, um verstärkte Aktivitäten diesbezüglich im Arbeitsschutz zu fordern.

Die Zahl von 59 Millionen AU-Tagen ist in der Tat sehr groß. Die Frage ist aber, warum? Und woran messen wir dies? Menschen reagieren gerade bei Vergleichen entsprechend intern vorhandener „Ankerreize" (siehe z. B. Jäncke 2015), also „innerer Maßstäbe". Eine Zahl wie die hier genannte wird allein deshalb als sehr hoch eingeschätzt, weil sie bei den meisten Menschen nicht zum täglichen Umgang gehört. Die Interpretation von Zahlenangaben kann daher nur an Vergleichsmaßstäben aus dem Kontext erfolgen. So relativieren sich die 59 Millionen schon deutlich, wenn bedacht wird, dass die Ausfallzeit für Muskel-Skelett-Erkrankungen in dem Bezugsjahr bei 122 Millionen Ausfalltagen, also mehr als doppelt so hoch lag, was aber nicht zu einem vergleichbaren „Medienrummel" führte. Alle Erkrankungen hatten übrigens rund 500 Millionen AU-Tage zu Folge.

Vollends relativiert wird die gewaltige Zahl, wenn sie auf das Jahresarbeitsvolumen bezogen wird. Das lag 2012 nach Angaben des statistischen Bundesamtes bei knapp 60 000 Millionen Arbeitsstunden oder 7,5 Milliarden Arbeitstagen. 59 Millionen AU-Tage sind dann 0,8 % des Jahresarbeitsvolumens. Absolute Zahlen können nur dann sinnvoll sein, wenn Bewertungskriterien mitgegeben werden, die gerade dem nicht damit Vertrauten eine Hilfe an die Hand geben, diese Zahlen zu interpretieren. Die Falle, die sich hier auftut, darf etwas abstrakt als „Absolutheit ohne Relation" bezeichnet werden.

8.2 Die Index-Falle

Eine immer wieder gern genutzte Darstellungsform ist die sog. Indexdarstellung. Dabei wird meistens die zeitliche Entwicklung eines Faktors oder Prozesses in Relation zu einem Ausgangswert betrachtet.

Abb. 8 stellt die Entwicklung der Krankheitsdiagnosen für psychische und Verhaltensstörungen und für das Muskel-Skelett-System (MSS) bezogen auf das Startjahr 2002 dar. Wie leicht zu erkennen ist, schwanken die Werte für die Muskel-Skelett-Erkrankungen zwischen den Jahren etwas, bleiben aber mehr oder weniger auf gleichem Niveau. Die Diagnosen zu psychischen Erkrankungen sind zunächst auch recht ähnlich, steigen dann ab 2009 aber drastisch an.

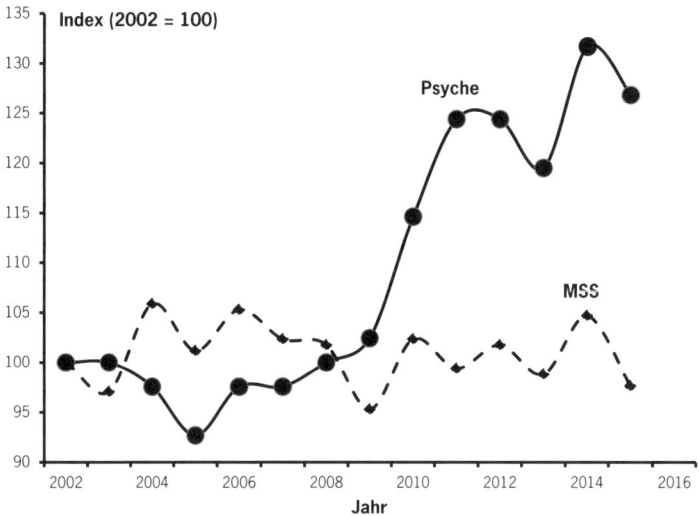

Abb. 8: *Relative Entwicklung der AU-Diagnosen für psychische und Verhaltensstörungen (Psyche) und für Erkrankungen des Muskel-Skelett-Systems (MSS) 2002–2015 bezogen auf den Indexwert von 2002. Diese Darstellung lässt nicht erkennen, dass die absoluten Diagnosezahlen für MSS 3–4-fach über denen für Psyche liegen. Es kommt zu einer verzerrten Darstellung.*

Die sich daraus ergebende Aussage ist natürlich nicht falsch, die Diagnosezahlen für Arbeitsausfälle auf psychischer und Verhaltensstörungen steigen nach den zugrundliegenden Daten tatsächlich ab 2009 deutlich an. Nicht vermittelt wird dagegen, dass die Erkrankungszahlen für Muskel-Skelett-Probleme 3–4 Mal höher liegen als für die psychischen Probleme, denn während die psychischen Diagnosen zwischen 4 und 5 % schwanken, sind es für die MSS-Diagnosen 16–18 %. MSS-Erkrankungen sind absolut gesehen immer noch die Nr. 1 unter den AU-Diagnosen. Die Darstellung erweckt aber den Eindruck, als wenn beide Erkrankungsarten zunächst auf gleichem Niveau waren und die psychischen Arbeitsausfälle auf einmal „wegliefen".

Welche geradezu unsinnigen Botschaften über Index-Darstellungen entstehen können, zeigt Abb. 9. Hier werden die Minimal- und Maximalwerte der Abb. 4 (siehe auch dort) als Indexdarstellung gegeben. Wie zu erkennen ist, haben gerade die Minimalwerte (Landwirtschaft) die höchsten Steigerungsraten während die ehemaligen Maximalwerte (u. a. öffentliche Verwaltung) einen eher gemächlichen Anstieg zeigen. In absoluten Zahlen liegt aber die öffentliche Verwaltung 5–6-fach über den Diagnosezahlen der Landwirtschaft, die über alle Berichtsjahre immer die niedrigsten Werte hatte. In der subjektiven Auffassung werden die Verhältnisse auf den Kopf gestellt!

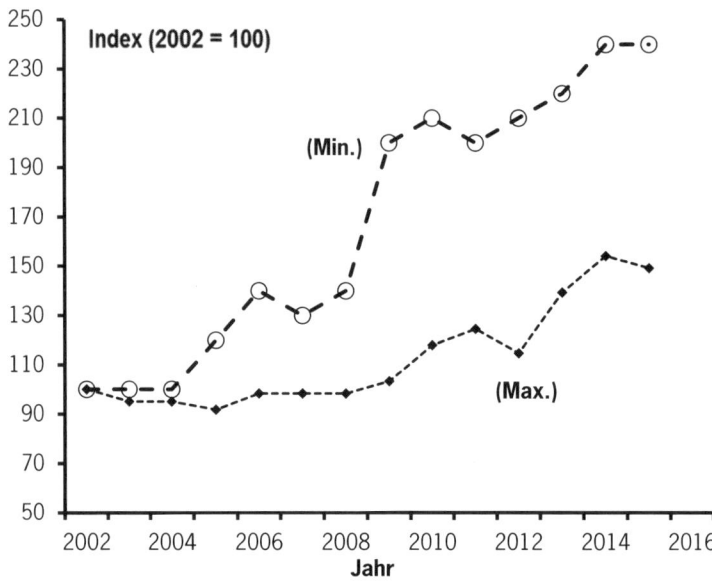

Abb. 9: *Unsinnige Botschaften durch Indexdarstellung. Hier sind die Diagnosezahlen aus Abb. 4 für die Maximal- und Minimalwerte in Indexdarstellung mit Bezugsjahr 2002 dargestellt. Wie zu erkennen ist, steigen gerade die Minimalzahlen in der Landwirtschaft am stärksten an. Die höchsten AU-Diagnosezahlen in der öffentlichen Verwaltung u. a. steigen dagegen nur gering.*

Es ist halt mathematisch so, dass eine Steigerung von 1 auf 2 % eine Verdoppelung darstellt, während die Differenz von 10 auf 11 % gerade einem Zehntel entspricht. Deswegen sind Indexdarstellungen äußerst kritisch zu sehen, wenn sie nicht durch Absolutwerte unterfüttert sind. Aber mit so einer Darstellung ließe sich die Schlagzeile „Landwirtschaft mit höchster Steigerung bei psychischen Belastungen" scheinbar beweisen.

Während die Absolutzahlfalle als „Absolutheit ohne Relation" gekennzeichnet wurde, ist es hier umgekehrt: Relation ohne Absolutheit.

8.3 Korrelations/Kausal-Verwechslungen

Nichts ist eingängiger als eine gute grafische Darstellung. Wenn dann noch Merkmale miteinander gekoppelt erscheinen, so ist der Fehlschluss einer Kausalität nicht weit. Sowohl im Kontext psychischer Belastungen als auch anderer Beobachtungen werden Daten miteinander korreliert. Darunter ist ein formales mathematisches Verfahren zu verstehen, das prüft, ob zwischen Daten eine Beziehung besteht, die ggf. durch einen funktionellen Zusammenhang beschrieben werden kann. Als Gütekriterium wird der Korrelationskoeffizient

„r" angegeben, der zwischen −1 und +1 schwanken kann. Je näher er der „1" (steigende Abhängigkeit) oder der „−1" (fallende Abhängigkeit) kommt, umso stringenter ist die Kopplung zwischen zwei Merkmalen. Dieses mathematische Verfahren macht aber keine Aussage, ob der aufgefundene mathematische Zusammenhang auch auf einer sachlogischen Basis begründbar ist. Es kann zu „Scheinkorrelationen" kommen: Zwei Parameter scheinen miteinander verkoppelt zu sein, sind es aber nicht. Die scheinbare Kopplung wird z. B. durch einen dritten Faktor gesteuert, der aber in der Korrelation gar nicht betrachtet wird.

Zu den bekanntesten Beispielen gehört dabei die Abhängigkeit der Geburten von der Anzahl der Störche. Daten aus verschiedenen Ländern zeigen einen klaren Zusammenhang: Je mehr Störche, umso mehr Geburten und umgekehrt. Daraus darf aber nicht geschlossen werden, dass es auch eine kausale Beziehung zwischen beiden gibt, der Storch also die Kinder bringt. Korrelationen können, müssen aber nicht auf Kausalzusammenhängen beruhen.

Liegen Daten „gut gepaart" vor, muss eine mögliche Kausalbeziehung durch unabhängige Methoden geprüft werden. Allerdings können Korrelationen gelegentlich noch unbekannte Kausalzusammenhänge andeuten. Es würde dann aus den Datenpaaren eine Hypothese entwickelt, die mit klassischen wissenschaftlichen Instrumenten geprüft wird.

In einer Untersuchung stellten Forscher einen Zusammenhang zwischen bestimmten chemischen Schadstoffen und psychischen Merkmalen fest, die dem Aufmerksamkeitsdefizit (ADHS) entsprachen. Liegt hier ein kausaler Zusammenhang vor? Die Forscher sprechen lediglich von „Assoziationen", da der kausale Mechanismus noch nicht geklärt ist. So könnte es sein, dass die Schadstoffe das Nervensystem schädigen, es könnte aber auch sein, dass es allgemeine „zivilisatorische" Effekte sind, die sich hier in einem Scheinzusammenhang präsentieren. Dennoch geben die Beobachtungen Hinweise, hier intensiver zu forschen und die gefundene Assoziation entweder zur Kausalbeziehung zu erhärten oder als „aberranten Effekt" wie bei den Störchen zu erkennen.

Korrelationen spielen auch im Rahmen psychischer Belastungen eine große Rolle. So werden häufig Mitarbeiter- bzw. Personenbefragungen in dieser Weise ausgewertet (etwa die Abhängigkeit beschriebener Beschwerden von der Häufigkeit oder Dauer bestimmter Arbeitssituationen). Dies dürfte in den meisten Fällen legitim sein, da wir über ausreichende Ursachenvorstellungen für die Mehrzahl der Effekte verfügen. Dies muss aber nicht immer der Fall sein.

Außerdem sagt dies nichts über die „Stringenz" der Beziehung, also der „Genauigkeit". Dies kann über den „r-Wert" ermittelt werden. Angenommen es wird Ihnen eine scheinbar gute Korrelation zwischen der Häufigkeit von „Zeitdruck-Empfindungen" und der jeweiligen Auftragslage in einem Unternehmen präsentiert (oder sie haben sie selbst ermittelt). Die Botschaft scheint klar: Je höher die Auftragslage, umso stärker das „Druckberichten". Kausalität kann hier ohne Probleme angenommen werden und der Korrelationskoeffizient r beträgt 0,65 bei 40 Befragten, was einem statistisch guten Wert entspricht.

Wie eine Grafik allerdings zeigen würde, streuen die Daten doch ganz erheblich. Hier hilft der „r-Wert" weiter, denn das Quadrat von r, also r^2, macht Aussagen, ein wie hoher Anteil der Variation der Zielgröße (hier die Zeitdruckempfindungen) durch die vorgegebene unabhängige Variable (hier die Auftragslage) erklärt werden kann. In unserem Beispiel mit r = 0,65 ergibt sich r^2 zu 0,42, also weniger als die Hälfte der beobachteten Variation (42 %) lassen sich aus der Auftragslage erklären. Gründe hierfür könnten sein, dass es hohe individuelle Unterschiede gibt, es könnten Geschlechterunterschiede sein, was auf eine nicht optimale Auswertung der Daten hinausliefe, es könnten aber auch viele nicht erfasste Parameter sein, die zusätzlich eine Rolle spielen (multifaktorielle Effekte).

Wie auch immer: Wenn Sie Korrelationen erstellen oder mit Ihnen in Medien konfrontiert werden, prüfen Sie immer, ob es einen Kausalzusammenhang gibt, bzw. dieser berichtet wird und welche Aussage eigentlich r^2 zulässt. Nicht selten kommt dabei Erstaunliches zutage. Und lassen Sie sich nicht durch den p-Wert beirren.

8.4 Die p-Wert-Falle

Sowohl bei Korrelationen als auch anderen statistischen Verfahren werden sogenannte p-Werte angewendet. Dabei handelt es sich um einen Wert der Wahrscheinlichkeit von Unsicherheit. Häufig angewendet wird ein p-Wert von ≤ 0,05, also 5/100 oder 5 %. Das bedeutet, es gibt eine „Restunsicherheit" von maximal 5 %. Aber was ist unsicher? Der p-Wert gibt an, mit welcher Wahrscheinlichkeit die Korrelation nur auf reinem Zufall beruht.

Bei unserer Korrelation oben war r = 0,65 bei p ≤ 0,05. Das bedeutet für unsere Korrelation, dass nur mit einer Unsicherheit von 5 % das Ergebnis auf bloßem Zufall beruht. Es bedeutet dagegen *nicht*, dass die Beziehung mit 95 %-iger Wahrscheinlichkeit erhärtet ist. Dieser „Umkehrschluss" ist nicht statthaft. Dies ist der große Fehler, der häufig – und nicht selten sogar durch Wissenschaftler – gemacht wird. Der p-Wert gibt lediglich die Wahrscheinlichkeit eines Zufallsergebnisses an. Ein niedriger p-Werte (üblich sind neben 0,05 auch 0,01 oder gar 0,001) sagt überhaupt nichts über die Wahrscheinlichkeit oder gar die Kausalität einer Beziehung aus.

Dieser Fehler ist leider so weit verbreitet, dass er nicht nur in Fachkreisen, sondern selbst in einem bekannten Wissenschaftsjournal für die breite Öffentlichkeit ausführlich dargestellt wurde (Honey 2016).

8.5 Attributions- und Kontextfallen

Attribution, also die (fast immer voreilige) Zuschreibung eines Phänomens auf einen Begründungszusammenhang, ist ein häufiger Fehler bei der Berichterstattung über Krankheiten, Befindlichkeitsstörungen, Umweltprobleme u. v. a. Das typische und schon ausführlich diskutierte Beispiel ist die Rückführung der AU-Tage durch psychische und Verhaltensstörungen auf die Arbeitssituation.

Wir wissen nicht, aus welchem Grund jemand krank geworden ist, vor allem dann nicht, wenn – wie sehr häufig – in der Bevölkerung eine Mischexposition vorliegt. Der Autor ist Raucher. Sollte er also einen Lungenkrebs bekommen, so wäre es verfehlt, diesen auf das Rauchen zurückzuführen, denn der Autor hat auch rund zwei Jahrzehnte mit Formaldehyd gearbeitet, einem heute als krebserregend anerkannten Stoff. Wo also kämen die Tumore her? Mal abgesehen davon, dass dies letztendlich eher irrelevant ist, würde die Attribution auf das Rauchen zu kurz greifen. Es könnte auch das Formaldehyd gewesen sein, oder beides, oder ganz etwas anderes.

Dem steht nicht die Aussage entgegen, dass psychische Belastungen zu Krankheiten führen können, denn hier wird eine durch (wissenschaftliche) Beobachtung und statistische Aufarbeitung potenzielle Möglichkeit beschrieben. Dieses Krankheitspotenzial muss sich aber nicht im Individuum Bahn brechen, es geht lediglich um Wahrscheinlichkeitsaussagen. Wer oder was in der konkreten Person aber eine Erkrankung ausgelöst hat, lässt sich meist gar nicht oder nur mit hohem Aufwand herausbekommen. Die verkürzte Schlussfolgerung „A kann krank machen, B ist gegenüber A exponiert, B ist krank, also ist A schuld" funktioniert nicht.

Attributionsfehler treten besonders dann auf, wenn der umgebende Textkontext gewollt oder ungewollt eine hinleitende Funktion erfüllt. Ein einfaches Beispiel bieten hier die SuGA-Berichte der BAuA selbst. Im Tabellenteil werden nach den Rahmendaten und dem Unfallgeschehen im Abschnitt TC sechs Tabellen zu Berufskrankheiten gegeben. Diese Erkrankungen werden aufgrund komplexer Beurteilungsverfahren auf die direkte berufliche Tätigkeit zurückgeführt.

Dem folgen im Abschnitt TD die Daten zu den krankheitsbedingten Ausfallzeiten. Da sich der Leser vorher mit klar beruflichen assoziierten Krankheiten befasste, liest er die nächsten Tabellen unbewusst in diesem Kontext weiter und überträgt die vorhanden Begründung „durch den Beruf" auf die Zahlen, die nur völlig begründungsfrei Krankheitsdaten bieten, weiter. Diese „Kontextfalle" würde wahrscheinlich viel weniger greifen, wenn erst die Ausfallzeiten und dann die Berufskrankheiten dargestellt würden. Leser – und das gilt für uns alle – lesen häufig nicht das, was da steht, sondern das, was sie lesen wollen.

8.6 Wahrnehmungs- und Darstellungsverzerrungen

Sowohl der Leser bzw. die Medienkonsumenten als auch die Medien selbst führen zu Verzerrungen der Wirklichkeit aufgrund psychologischer oder vermeintlich notwendiger Markterfordernisse. Für die Presse z. B. sind besonders die folgenden Punkte zu beachten und auch den meisten Lesern wahrscheinlich bekannt (siehe z. B. Rossmann & Brosius (2013)):

- Negativismus – Es werden sehr viel mehr negative, bedrohliche Nachrichten und Informationen verbreitet als positive,

- Sensationalismus – Sensationsnachrichten werden breit aufgezogen und erscheinen dem Leser als situationstypische Ereignisse,

- Personalisierung – Zusammenhänge werden an Einzelschicksale gekoppelt, wodurch eine hohe emotionale Bindung zwischen Leser und betroffener Person entsteht. Der Unterschied zwischen dem Schicksal einer Einzelperson und der jeweils zutreffenden Gesamtsituation verschwindet durch eine hohe Identifikation zwischen dem Leser und dem oder den Betroffenen,

- Emotionalisierung – kann zusammen mit der Personalisierung auftreten und rüttelt an die Gefühle der Rezipienten. Hierdurch wird ebenfalls eine Unterscheidung zwischen Einzelschicksal und Gesamtsituation erschwert. Durch die Emotionalisierung wirkt die Wahrnehmungsverzerrung besonders gut.

Insbesondere führt die häufig negative Berichterstattung zu einer Überschätzung von Risiken.

Auf der anderen Seite sind auch die Mediennutzer selbst bestimmten psychologisch bedingten Fehlwahrnehmungen ausgesetzt (z. B. Sassenberg 2017):

- Voreinstellungen wirken sich auf die Auswahl von Nachrichten aus. Eine negative oder positive Einstellung zu einem Thema bewirkt ein verstärktes Wahrnehmen von Informationen, die die eigene Vorstellung bestätigen,

– Personen, die krank sind, in einer Krise stecken oder anderweitig schwere Zeiten durchmachen, tendieren dazu, positive Nachrichten bzgl. des jeweiligen Zustandes verstärkt wahrzunehmen (sog. „optimistic bias"),

– Personen, die gegenüber ihrem eigenen Zustand wachsam („vigilant") sind, tendieren dagegen eher dazu, die negativen Berichte in Medien zu präferieren, was aber für die Einstellung zu einem Problem nicht hilfreich ist.

In allen diesen und weiteren Fällen werden dargebotene Informationen nicht sachgerecht bewertet. Beide Effekttypen zusammen können zu schweren Verzerrungen der Wirklichkeit führen.

Ob die hier kurz beschrieben Fallen und Effekte gewollt gestellt bzw. erzielt werden sollen, oder ob „nur" eine ungeschickte oder unglückliche Darstellung erfolgt, sei dahingestellt: Jeder, der sich mit gesellschaftlichen, medizinischen oder anderen Themen auseinandersetzt, sollte sie jedoch kennen.

Teil II: Wissen

Es ist gut, die psychischen Komponenten der Arbeit wahrzunehmen. Eine Abwehr unangemessener Belastungen setzt aber ein ausreichendes Wissen über die Ursachen und die Wirkungsmechanismen dieser Belastungen voraus. Erst mit einer ausreichenden Kenntnis der zugrundeliegenden Faktoren und Interaktionen kann Arbeit gesundheitsförderlich gestaltet werden.

1.   Faktoren psychischer Belastungen

1.1 Eine erste Übersicht

Psychische Belastungen sind wie bereits angesprochen ein ständiger, wichtiger und nicht wegzudenkender Faktor menschlichen Lebens. Dies gilt für alle Lebensbereiche, also auch für die Arbeit. Dabei sei noch einmal betont, dass der Begriff „Belastung" im Kontext der Arbeitsgestaltung zunächst wertneutral ist. Belastung muss also nicht negativ sein, sondern sie kann auch höchst positive Ergebnisse bewirken.

Eine Gefährdung werden psychische Belastungen dann, wenn sie entweder dermaßen massiv sind oder in einem solchen Übermaß auftreten, dass die Widerstandskraft, die Ressourcen, der Betroffenen überschritten sind. Welche Belastungen sind aber heutzutage mit dem Arbeitsleben verbunden? Eine erste allgemeine Übersicht liefern die verschiedenen Beschäftigtenbefragungen, etwa durch die BAuA, die Initiative Neue Qualität der Arbeit (INQA), die Gewerkschaften (z. B. DGB-Index Gute Arbeit), Krankenkassenerhebungen u. a.

Als Beispiel seien hier die Ergebnisse der bereits erwähnten BiBB/BAuA-Befragung in Abb. 10 dargestellt (Lohmann-Haislah 2012, Wittig et al. 2013). Abgefragt wurde die Häufigkeit diverser Arbeitsmerkmale, die nach wissenschaftlichen Erkenntnissen geeignet sind, negativ auswirkende psychische Belastungen hervorzurufen.

Abb. 10: *Häufigkeit des Auftretens bestimmter Belastungsfaktoren in der Arbeitswelt nach den Ergebnissen der BiBB/BAuA-Befragung (Belastungsmix).*

Wie deutlich zu erkennen ist, sind die am häufigsten auftretenden möglichen Belastungsfaktoren:

– die gleichzeitige Betreuung mehrerer Arbeitsaufgaben,

– Termin- und Leistungsdruck,

– sich wiederholende Arbeitsvorgänge,

– Störungen und Unterbrechungen bei der Arbeit.

Für diese Merkmale haben mehr als 40 % der Befragten geantwortet, dass sie den Faktor häufig erleben. Sehr viel seltener sind dagegen fehlende Informationen, mangelnde Unterstützung durch Vorgesetzte und Kollegen etc. 17 % der Befragten gaben an, dass sie häufig an der Grenze der Leistungsfähigkeit arbeiten. Diese Verteilung ändert sich aber sofort, wenn diejenigen Personen, die das jeweilige Arbeitsmerkmal häufig erleben, gefragt wurden, ob sie dieses belastet. Die Antwort gibt Abb. 11: Die „Spitzenreiter" sind nun:

– Arbeiten an der Grenze der Leistungsfähigkeit,

– Fehlen notwendiger Informationen,

– keine rechtzeitigen Informationen,

– Termin und Leistungsdruck,

– Störungen und Unterbrechungen bei der Arbeit.

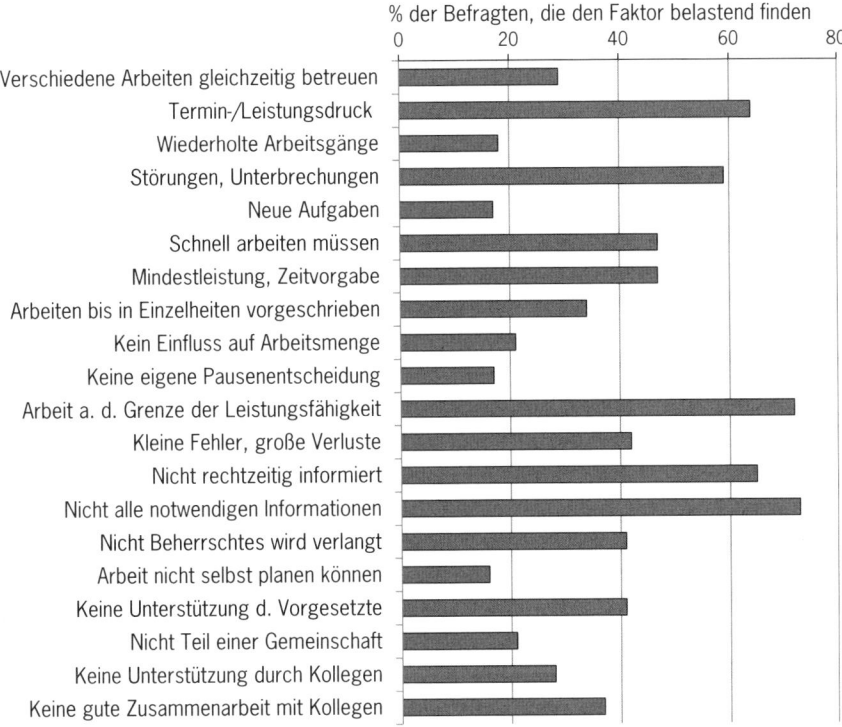

Abb. 11: *Relatives Belastungsgefühl bei den einzelnen Faktoren nach der BiBB/BAuA-Befragung. Belastende Faktoren müssen nicht unbedingt auch häufig auftreten.*

Offensichtlich wird vor allem das Fehlen bzw. die Verzögerung von Informationen als derart belastend empfunden, dass – obwohl insgesamt eher selten vorkommend – es die höchsten Punktzahlen erreicht. Demgegenüber spielen die gleichzeitige Betreuung mehrerer Arbeitsaufgaben und die sich wiederholenden Arbeitsvorgänge nur noch eine untergeordnete Rolle mit 29 bzw. 18 %. Dies kommt offensichtlich zwar häufig vor, belastet aber wohl deutlich weniger als z. B. das Fehlen von Informationen.

Gerade die hoch belastenden Arbeitsmerkmale sind aber keine Belastungsfaktoren „aus sich", sondern das Ergebnis schlecht bzw. unzureichend gestalteter Arbeits- und Informationsprozesse. Diese gilt es in der Gefährdungsbeurteilung zu identifizieren und durch Maßnahmen des Arbeitsschutzes zu verbessern. Dafür gibt es Grundregeln und ausreichende arbeitswissenschaftliche Ergebnisse.

1.2 Grundregeln der Arbeitsgestaltung

Die Vorgaben des Arbeitsschutzgesetzes sind eindeutig:

> **Arbeitsschutzgesetz (ArbSchG) – § 4 Allgemeine Grundsätze Nr. 1**
>
> „Die Arbeit ist so zu gestalten, daß eine Gefährdung für das Leben sowie die physische und die psychische Gesundheit möglichst vermieden und die verbleibende Gefährdung möglichst gering gehalten wird.“

Diese explizite Formulierung setzt das Grundrecht auf Unverletzlichkeit der Person nach Art. 2 Abs. 2 des Grundgesetzes für das Feld der Arbeit um. Aus dem Arbeitssicherheitsgesetz ergibt sich implizit auch die Forderung an die Arbeitgeber, Arbeit menschengerecht zu gestalten. Was aber heißt menschengerecht?

Schon seit langem sind durch die Arbeitspsychologie sog. Humankriterien formuliert worden. Danach soll Arbeit so gestaltet sein, dass

- Ausführbarkeit,
- Schädigungs- und Beeinträchtigungsfreiheit,
- Zumutbarkeit und Erträglichkeit,
- Persönlichkeitsförderlichkeit,

gewährleistet sind.

Die Arbeit muss also so gestaltet und zugeordnet werden, dass zunächst mindestens die allgemeine Ausführbarkeit gesichert ist. Das gilt sowohl für die körperlichen als auch die mental-geistigen Anforderungen. Arbeit, die zu schwer oder für den Einzelnen absehbar nicht zu bewältigen ist, muss entweder umgestaltet, einer geeigneten Person zugewiesen oder unterlassen werden.

Selbstverständlich darf es durch die Arbeit nicht absehbar zu Schädigungen, etwa durch Gefahrstoffe, mechanische und elektrische Einwirkungen u. a. kommen. Aber auch eine Beeinträchtigung, etwa des dauerhaften Wohlbefindens oder Einschränkungen der physischen und psychischen Leistungsfähigkeit soll durch gut gestaltete Arbeit verhindert werden. Die Arbeit muss auch zumutbar und erträglich sein, wobei dieser Punkt sicher immer zu Diskussionen führen wird, denn was ist unzumutbar, ohne dabei nicht auch gleichzeitig schädigend oder beeinträchtigend zu wirken? Nicht zumutbar wäre z. B. Arbeiten, die in einem sittlich-moralischen Kontext fragwürdig sind oder allgemein anerkannten Normen und Regeln widersprechen.

Auch eine Förderung der Persönlichkeit sollte durch die Arbeit möglich sein, was z. B. durch Lernen, Trainings, „Wachsen an den Aufgaben", erweiterte Sozialkontakte usw. gewährleistet werden kann.

Für die eigentliche Arbeitsaufgabe haben sich die in der früheren DIN EN ISO 9241-2 niedergelegten folgenden Anforderungen als richtungsweisend herausgestellt.

- **Benutzerorientierung** – Die Aufgabenanforderungen sollen an den Benutzer angepasst sein und seine Stärken und Schwächen beachten.
- **Vielseitigkeit** – Die Aufgabe sollte möglichst unterschiedliche Teilaspekte umfassen und so eher ein Aufgabenfeld darstellen.
- **Ganzheitlichkeit** – Wenn möglich, sollte die Aufgabe so gestaltet sein, dass der Mitarbeiter sie von der Planungsphase bis zur Fertigstellung begleitet.
- **Eindeutigkeit** – Aufgaben müssen so geschnitten sein, dass der Arbeitnehmer sie als einen wichtigen Beitrag im Gesamtspektrum der Arbeitsprozesse erkennt.
- **Handlungsspielraum** – Die Aufgabe sollte möglichst breiten Handlungsspielraum bzgl. der Reihenfolge, der zeitlichen Abfolge und des Tempos der Abarbeitung ermöglichen.
- **Rückmeldung** – Der Arbeitnehmer sollte Rückmeldungen durch Kollegen, Vorgesetzte u. a. über die Aufgabenerfüllung, die Qualität u. a. erhalten.
- **Entwicklungsmöglichkeit** – Arbeitnehmer sollten im Rahmen der Arbeit bzw. der Aufgaben vorhandene Fertigkeiten trainieren und ggf. ausbauen sowie neu erwerben können.

Diese Kriterien sind aber nur abstrakte Leitlinien und müssen in der Realität durch konkrete Gestaltungsarbeit erreicht werden. Dabei darf ohne Einschränkungen davon ausgegangen werden, dass dieser Idealzustand in den Betrieben nie erreicht wird, da die genannten Grundregeln eher eine Zieldefinition sind. Deshalb reicht dem Arbeitsschutzgesetz auch eine Minimierung und nicht vollständige Ausschließung von Gefährdungen.

1.3 Belastungsfaktoren

Sowohl psychische als auch körperliche Belastungen, die mit negativen Beanspruchungsfolgen einhergehen können, entstehen dann, wenn von den wissenschaftlich anerkannten Grundregeln nicht nur ausnahmsweise abgewichen wird bzw. abgewichen werden muss.

Im Rahmen der Gefährdungsbeurteilung und den daraus abgeleiteten Gestaltungsmaßnahmen muss es also darum gehen, konkrete Situationen zu beurteilen und konkrete Änderungen zu beschreiben.

Dies kann und soll für psychische Belastungen in 5 Merkmalsbereichen erfolgen, wie sie z. B. in den Empfehlungen zur Umsetzung der Gefährdungsbeurteilung psychischer Belastung der GDA beschrieben sind:

– Arbeitsinhalte/Arbeitsaufgabe,
– Arbeitsorganisation,
– Soziale Beziehungen,
– Arbeitsumgebung,
– neue Arbeitsformen.

In den nachfolgenden Tabellen 3–6 sind die nach dem derzeitigen wissenschaftlichen Stand bekannten kritischen Ausprägungen, möglichen Folgen und Gestaltungsanregungen für die einzelnen Merkmalsbereiche zusammenfassend dargestellt (siehe auch: BAuA 2014, die „Empfehlungen zur Umsetzung der Gefährdungsbeurteilung psychischer Belastung" der GDA, Rothe et al. 2017 und Rau 2017).

Der Kern einer guten Arbeitsgestaltung ist natürlich zunächst der **Arbeitsinhalt** und die Arbeitsaufgabe. Hier sollte im Idealfall die Aufgabe möglichst vollständig sein, also von der Planung bis zur Endkontrolle in einer Hand (oder einem Team) liegen. Dieser Idealzustand ist aber meist nicht zu erreichen, da sowohl die fachlichen als auch personellen Anforderungen an die Teilschritte höchst unterschiedlich sein können. Auf der anderen Seite ist aber die Beschränkung auf nur einen oder wenige Teilaspekte eher als negativ zu bewerten. Es gilt, ein ausgewogenes Verhältnis zu finden.

Die Arbeitsaufgabe sollte dem Ausführenden aber auch einen entsprechenden Handlungsspielraum bzw. eine ausreichende Variabilität innerhalb seines Arbeitsspektrums erlauben. Diese „Freiheitsgrade" sind wichtig, um einem Monotonieerleben bzw. psychischer Sättigung zuvorzukommen. In der Vergangenheit war dies häufig ein Problem im Bereich der taktgebundenen Fließbandproduktion, aber auch bestimmter Bildschirmarbeiten, wie z. B. reinen Datenerfassungen (Berufsbild „Datentypistin"). Eine derartige Arbeitsgestaltung lässt einerseits eine Variation der Tätigkeit nicht zu und unterdrückt Entwicklungsmöglichkeiten, sowohl in persönlicher als auch in fachlicher Hinsicht. Moderne Arbeitssysteme versuchen dies zu vermeiden und schießen dabei vielleicht auch über das Ziel hinaus. Der Umstand, dass rund 60 % der

Tab. 3: *Merkmalsfeld Arbeitsinhalt/Arbeitsaufgabe: Kritische Ausprägungen, mögliche Folgen und Gestaltungshinweise. Zusammengestellt nach GDA-Leitlinie Beratung und Überwachung bei psychischer Belastung am Arbeitsplatz, BAuA (2014), Rothe et al. (2017), Rau (2017).*

Merkmalsfaktor	Mögliche kritische Ausprägung	Mögliche Beanspruchungsfolgen	Gestaltungsoptionen
Vollständigkeit der Aufgabe	– Unvollständige Aufgaben (nur vorbereitend, ausführend oder kontrollierend) – Aufgaben nur Routine – Daueraufmerksamkeit – Hohe geistige Anforderungen ohne Wechsel mit weniger anspruchsvollen Aufgaben	– Monotonie – Psychische Sättigung	– Anreichern der Aufgaben – Aufgabenwechsel ermöglichen Aufgabenmischung (geistig fordernd mit Routinetätigkeiten)
Handlungsspielraum	– Fehlende zeitliche Gestaltungsräume – Fehlende inhaltliche Gestaltungsräume (Inhalte, Methoden)	– Herz-Kreislauf-Erkrankungen – Depressive Beeinträchtigungen – Angstzustände – Hinweise auf Typ-2-Diabetes (bei geringem Handlungsspielraum und hoher Arbeitsintensität)	– Zeitliche und inhaltliche Freiheitsgrade schaffen – Andere Aufgabenteilung oder -kombination – Ansprüche im Vorwege klären und organisieren
Variabilität (Abwechslung)	– Hoher Wiederholungsgrad der Aufgaben sowohl im technischen Sinne („Bandarbeit") wie auch im geistigen Sinne („Call-Center) – Gleichartige Handlungen in kurzen Takten – Wenige ähnliche Arbeitsgegenstände und Arbeitsmittel	– Depressive Symptomatik – Stresssymptome – Ängstlichkeit	– starke Aufgabenteilung reduzieren – Aufgabenerweiterung – Aufgabenwechsel

Merkmalsfaktor	Mögliche kritische Ausprägung	Mögliche Beanspruchungsfolgen	Gestaltungsoptionen
Information/Informationsangebot	– Zu umfangreich (Reizüberflutung) – Zu gering – Ungünstig dargeboten – Informationen nicht aktuell – Informationen nicht relevant – Lückenhaft	– Stress – Geistige Ermüdung	– Notwendige Informationen rechtzeitig bereitstellen – Unwichtige Informationen nicht anbieten – Informationsmenge begrenzen – Informationsfluss überprüfen – Informationsqualität verbessern
Verantwortung	– Unklare, nicht transparente Kompetenzen und Verantwortlichkeiten – Zu hohe Verantwortung – Zu niedrige Verantwortung	– Depressivität – Angstzustände	– Verantwortungstransparenz schaffen – Qualifikation anpassen bei zu hoher Verantwortung – Soziale Unterstützung – Aufgabenerweiterung bei zu niedriger Verantwortung – Vorausschauende Personalplanung
Qualifikation	– Qualifikation entspricht nicht der Aufgabe (zu hoch/zu niedrig) – Fehlende/unzureichende Einarbeitung – Fehlende/unzureichende Nachqualifizierung	– Depressivität – Psychische unter- bzw. Überforderung	– Einsatz entsprechend der Qualifikation – Einarbeitung gewährleisten – Unterweisungen sicherstellen – Angepasste Personalauswahl

Merkmalsfaktor	Mögliche kritische Ausprägung	Mögliche Beanspruchungsfolgen	Gestaltungsoptionen
Emotionale Inanspruchnahme (Emotionsarbeit)	– Umgang mit belastenden Situationen (Krankheit, Tod, Verletzung, ...) – Emotionale Dissonanz, Arbeiten gegen die eigene Gefühlslage (z. B. gegenüber Patienten, Kunden) – Verbale und körperliche Bedrohungen – Bedrohungen aus Unfällen, Brandereignissen, Naturkatastrophen etc.	– Emotionale Erschöpfung – Depersonalisation – Erhöhtes Depressionsrisiko – Psychische und psychosomatische Beschwerden – „Burnout"	– Soziale Unterstützung sicherstellen – Mischtätigkeiten oder Arbeitsplatzwechsel – Deeskalationstrainings – Coachingangebote – Nachsorge bei traumatischen Erlebnissen; Bei sog. „Debriefings" (Gruppensitzungen nach traumatischen Belastungen) zeigen sich aber kaum förderliche Effekte, ggf. sogar eher negative Effekte, Forschungslage unklar.

Befragten angaben, verschiedene Arbeiten gleichzeitig zu betreuen (siehe Abb. 10), deutet in diese Richtung. Allerdings darf vermutet werden, dass dieses reiche Aufgabenspektrum weniger aus arbeitspsychologischen Gründen eingeführt wurde, als vielmehr, um Personal und Kosten zu sparen.

Sehr wichtig für das subjektive Wohlbefinden, aber auch für die korrekte Abarbeitung der Aufgaben und dem Sinnverständnis für das Ganze sind ausreichende und rechtzeitige Informationen. Das betrifft nicht nur die reinen Sachinformationen, sondern auch z. T. die unternehmerischen Entscheidungen. Mitarbeiter fühlen sich unsicher, wenn der Kurs des Unternehmens oder Veränderungen im Unternehmen nicht klar werden. Die hohe Belastungsrückmeldung in der BiBB/BAuA-Befragung (siehe Abb. 11) unterstreicht dies.

Zwei wichtige Themen sind natürlich auch die Verantwortung und die Qualifikation. Verantwortlichkeiten müssen einerseits klar geregelt sein, den Mitarbeitern entsprechende Entscheidungskompetenzen einräumen und dem jeweiligen Qualifikationsrahmen entsprechen. Verantwortungsübertragung muss aber auch die Mittel und Ressourcen und ggf. sogar ein Weisungsrecht mit beinhalten, um voll ausgeschöpft werden zu können. Was nützt eine Verantwortung, die nicht gleichzeitig die Möglichkeiten hat, entsprechend steuernd eingreifen zu können?

Tab. 4: *Merkmalsfeld Arbeitsorganisation: Kritische Ausprägungen, mögliche Folgen und Gestaltungshinweise. Zusammengestellt nach GDA-Leitlinie Beratung und Überwachung bei psychischer Belastung am Arbeitsplatz, BAuA (2014), Rothe et al. (2017), Rau (2017).*

Merkmals-faktor	Mögliche kritische Ausprägung	Mögliche Beanspruchungsfolgen	Gestaltungsoptionen
Arbeitszeit	– Überstunden, Mehrarbeit – Fehlende/unzureichende Pausen – 11-stündige Ruhepause nicht möglich – Kein Einfluss auf Arbeitszeitgestaltung – Nacht- und Schichtarbeit – Arbeit auf Abruf	– Depressive Störungen – Herz-Kreislauf-Erkrankungen – Affektive Störungen (Störungen der „Stimmungslage") – Typ-2-Diabetes (Hinweise) – Eingeschränktes/fehlendes „Detachment" (Abschalten von der Arbeit)	– Arbeitseinteilung ändern – Arbeitsmenge prüfen – Arbeitsfluss überprüfen – Personalausstattung verbessern – Schichtpläne ergonomisch gestalten – Angebote zu Zeitmanagement – u. a.
Arbeitsablauf	– Arbeiten unter Zeitdruck – Hohe Arbeitsintensität – Taktbindung – Zu viele Termine/Terminüberschneidungen – Mehre Arbeiten gleichzeitig betreuen – Störungen/Unterbrechungen – Sehr schnell arbeiten müssen – Unvorhergesehene Zusatzaufgaben	– Emotionale Erschöpfung – Depersonalisation – Depressive Störungen – Angst- und Zwangsstörungen – Herz-Kreislauf-Erkrankungen	– Arbeitsteilung/-kombination ändern – Arbeitsmenge überprüfen und ggf. reduzieren – Störungen reduzieren – Unterstützung durch Sekretariat, Hilfskräfte u. a. – Aufgabenvielfalt reduzieren bzw. umorganisieren – Technische Hilfen prüfen – Zeitmanagement optimieren

Merkmals-faktor	Mögliche kritische Ausprä-gung	Mögliche Beanspru-chungsfolgen	Gestaltungsoptio-nen
Kommuni-kation/ Koopera-tion	– Eingeschränkte Kommuni-kation d. Alleinarbeit oder aufgrund großer räumlicher Entfernungen – Nur indirekte Kommunika-tion (z. B. Außendienst, Home-Office) – Mangelnde/fehlerhafte Kooperation aufgrund von Kommunikations-/Sprach-problemen – Fehlende Unterstützung durch Vorgesetzte/Kollegen	– Gesundheitliche Gefährdungen bis-her nichtausrei-chend beschrieben – Verspätete Unfall-hilfe bei Alleinar-beit – Erhöhtes Risiko für Herz-Kreislauf-Erkrankungen bei Alleinarbeit	– Alleinarbeit ver-meiden – Kommunikations-regeln und -struk-turen schaffen – Regelmäßige Gruppen-/Team-besprechungen – Sprachliche Ver-ständlichkeit erhö-hen – Gruppen-/Teame-vents ohne direk-ten Bezug zur Arbeit – u. a.

Ein sicher besonderes Kapitel ist die emotionale Inanspruchnahme bzw. die Emotionsarbeit. Dieser Faktor tritt in vielen Berufen auf, wobei zwischen emotionaler Dissonanz und emotionaler Einbindung unterschieden werden muss. Emotionale Dissonanz liegt insbesondere dann vor, wenn zwischen der inneren Gefühlswelt und der „vorzeigbaren" Reaktion eine Differenz besteht. Der typische Fall sind hier Servicekräfte/Dienstleister, die gegenüber dem Kunden freundlich sein müssen, auch wenn dieser sie z. B. unfreundlich angeht. Solche Bedingungen können natürlich hoch stressbelastend sein. Auch der Lehrerberuf und viele andere, in denen Mensch/Mensch-Interaktionen eine Rolle spielen, enthalten Situationen emotionaler Dissonanz. Dabei kann zwischen „Surface-Acting" und „Deep-Acting" unterschieden werden. Erstere ist die gewollte und ggf. gekünstelte Darstellung der erwarteten Emotion, also z. B. ein „gelogenes" Lächeln, während bei „Deep-Acting" der Mitarbeiter sich einen Zustand imaginiert, der das gewünschte Gefühl tatsächlich hervorbringt. Gut ist auf Dauer beides nicht.

Emotionale Einbindung ist dagegen in vielen Fällen dort gegeben, wo den Arbeitnehmern menschliches Leid entgegentritt: Alten- und Pflegeheime, Krankenhäuser, Rettungsdienste usw. Die Mitarbeiter werden durch Krankheit, Siechtum, Tod emotional berührt und können die Gefühle nicht einfach „abschütteln". Auch bei einer gewissen Berufsroutine bleiben diese Einwirkungen nicht ohne Folgen. Im Extrem kann es zu traumatischen Einwirkungen mit posttraumatischen Belastungsstörungen kommen. Das Problem besteht hier, dass die betroffenen Berufe in gewisser Weise darauf ausgerichtet sind, sich den angesprochenen Problemen zu stellen. Insofern kann an der Arbeitsauf-gabe nicht viel geändert werden. Unfälle sind nun mal Unfälle und bei der

Tab. 5: *Merkmalsfeld Soziale Beziehungen: Kritische Ausprägungen, mögliche Folgen und Gestaltungshinweise. Zusammengestellt nach GDA-Leitlinie Beratung und Überwachung bei psychischer Belastung am Arbeitsplatz, BAuA (2014), Rothe et al. (2017), Rau (2017).*

Merkmalsfaktor	Mögliche kritische Ausprägung	Mögliche Beanspruchungsfolgen	Gestaltungsoptionen
Soziale Beziehungen zu bzw. zwischen Kollegen	– Zu geringe/zu hohe Zahl sozialer Kontakte – Fehlende oder geringe gegenseitige Unterstützung – Konflikte und Streitigkeiten – Geringes Vertrauen – Extremfall: Mobbing	– Depressionen – Herz-Kreislauf-Erkrankungen – Angsterkrankungen – Psychische Beeinträchtigung allgemeiner Natur	– Aufgabenverteilung ändern – Klare Aufgaben- und Rollenverteilung – Erreichbare Ziele formulieren – Gegenseitige Wertschätzung fördern – Teambesprechungen, soziale Gruppenaktivitäten etc. – Konfliktbewältigungsstrategien implementieren – Organisatorische Grundlagen: Dienstvereinbarungen/ Konfliktbeauftragte
Vorgesetzte	– Fehlende Unterstützung und Information – Nur negative Rückmeldungen/keine Anerkennung – Gar keine Rückmeldungen – Fehlende Einbeziehung in Entscheidungen – Fehlende soziale Kompetenzen der Führungskraft – Extremfall: „Bossing"	– Depressionen – Herz-Kreislauf-Erkrankungen – Angsterkrankungen – Psychische Beeinträchtigung allgemeiner Natur	– Rollen und Verantwortlichkeiten klären – Arbeitsablauf und Organisation überprüfen – Offene Kooperation – Führungskräfte nachschulen – Mitarbeiterbefragungen einführen – Mitarbeitergespräche – Geeignete Personalauswahl bei Führungskräften: Soziale Kompetenzen stärker bewerten als fachliche Expertise – Führungsmodelle überdenken

Begleitung Sterbender werden Menschen sterben. Es werden also hier sowohl präventiv-vorbereitende als auch ggf. therapeutisch-nachbereitende Maßnahmen bei der Planung und Einrichtung der Tätigkeiten erforderlich sein.

Tab. 6: *Merkmalsfeld Arbeitsumgebung: Kritische Ausprägungen, mögliche Folgen und Gestaltungshinweise. Zusammengestellt nach GDA-Leitlinie Beratung und Überwachung bei psychischer Belastung am Arbeitsplatz, BAuA (2014), Rothe et al. (2017), Rau (2017).*

Merkmalsfaktor	Mögliche kritische Ausprägung	Mögliche Beanspruchungsfolgen	Gestaltungsoptionen
Physikalische und chemische Faktoren	– Lärm – Unzureichende Beleuchtung – Gefahrstoffe u. a.	– Körperliche Schädigungen, Verletzungen, Tod – Allg. Bedrohungsgefühle – Depressive Symptome – Allgemeine Gesundheitsgefährdungen – Psychische Beeinträchtigung allg.	– Gefährdungsbeurteilung für diese Faktoren durchführen – Belastungen/Gefährdungen minimieren oder ausschließen (Substitution) – Schutzmaßnahmen nach TOP-Prinzip – Unterweisungen – Arbeitsmedizinische Vorsorge
Physische Faktoren	– Ungünstige ergonomische Gestaltung – Schwere körperliche Arbeit – u. a.		
Arbeitsplatz und Informationsgestaltung	– Ungünstige Arbeitsräume, räumliche Enge – Unzureichende Gestaltung von Signalen und Hinweisen – u. a.		
Arbeitsmittel	– Fehlende/ungeeignete Werkzeuge bzw. Arbeitsmittel – Ungünstige Bedienung/Einrichtung von Maschinen – Unzureichende Softwaregestaltung – u. a.		

Merkmalsfaktor	Mögliche kritische Ausprägung	Mögliche Beanspruchungsfolgen	Gestaltungsoptionen
Fremdeinwirkungen	– Durch Dritte: Überfälle, Gewaltandrohung, Gewalteinwirkungen o. Ä. – An Dritten: Unfälle, Schädigung/Tötung Dritter (z. B. Suizidfälle), Hohe Sachschäden u. a.	– Körperliche Schädigungen, Verletzungen, Tod – Traumatische Erlebnisse und posttraumatische Belastungsstörungen – Angstzustände – Depressive Symptome	– Soziale Unterstützung sicherstellen – Vorbereitung/Training auf die wahrscheinlich anzutreffenden Situationen – Deeskalationstrainings – Nachsorge bei traumatischen Erlebnissen; Bei sog. „Debriefings" (Gruppensitzungen nach traumatischen Belastungen) zeigen sich aber kaum förderliche Effekte, ggf. sogar eher negative Effekte, Forschungslage unklar.

Im zweiten Merkmalsfeld **Arbeitsorganisation** spielen vor allem die zeitlichen Komponenten wie die reine Arbeitszeit und der Arbeitsablauf eine wesentliche Rolle. Insbesondere kritische Arbeitszeiten wie Schichtarbeit, Wochenendarbeit, sehr lange Arbeitszeiten, aber auch unzureichende Pausenregime sind natürlich nach Möglichkeit zu vermeiden, oder – was in Praxis eher der Fall sein muss – ergonomisch zu gestalten. Das trifft in ähnlicher Weise für den Arbeitsablauf zu, wobei offensichtlich in der Wahrnehmung der Arbeitnehmer Zeitdruck und Störungen/Unterbrechungen der Tätigkeiten besonders belastend sind.

Auch die **sozialen Beziehungen** tragen zur psychischen Belastung/Entlastung bei. Dies betrifft sowohl die Interaktionen zwischen den Kollegen als auch zu den Vorgesetzten. Insbesondere das Führungsverhalten ist ein Punkt, der aus leicht einsehbaren Gründen in vielen Gefährdungsbeurteilungen psychischer Belastungen eher stiefmütterlich behandelt wird.

Lässt sich über die rein technische Arbeitsgestaltung in der Regel gut auf einer instrumentellen Ebene diskutieren, so berühren die Betrachtungen sozialer Beziehungen und insbesondere der Führungskultur schnell den persönlichen Bereich. Dies kann zu entsprechenden Gegenreaktionen führen, bzw. diese werden befürchtet. Abschreckendes Beispiel: In einem Unternehmen beklagten die Mitarbeiter bei einer Befragung eine nach ihrer Meinung zu hohe Arbeitsintensität. Sicher ein Problem, das auch die Führung angeht. Diese reagierte entsprechend: Die Arbeitsmenge wurde erhöht und die zeitlichen Ressourcen beschnitten. Die Mitarbeiter nahmen an den nachfolgenden Befragungen nicht mehr teil. Dies war reines „Abstrafen" nach nicht gewünschten Ergebnissen und ein Beispiel destruktiver Führung.

Wie Studien gezeigt haben (siehe Angerer et al. 2014, Rothe et al. 2017) kann gerade das Führungsverhalten sowohl als Ressource dienen und damit andere Belastungen auffangen als auch im Rahmen unangepasster Führung eine zusätzliche Belastung werden.

Sogenannte transformationale Führungsstile, also solche, die Vorbildfunktionen erfüllen, individuelle Unterstützung gewähren, intellektuelle Anregungen geben usw. und andere mitarbeiterorientierte Führungsstile werden eher die Ressourcenseite stärken.

Autoritäre, rein macht- und eigeninteressengesteuerte Führungsstile werden dagegen zur Belastung. Ein Problem, das nicht leicht zu lösen ist, da häufig bereits die Geschäfts- und Konzernleitungen allein an der Einhaltung von Zahlen oder der Erbringung anderer betriebswirtschaftlicher Vorgaben interessiert sind. Der Personalauswahl kommt dann hier eine besondere Bedeutung zu.

Dies zeigt aber auch das Dilemma vieler Führungskräfte. Während sie einerseits dem „kleinen Mann" genügen müssen, ihn fördern und im besten Sinne des Wortes lenken sollen, müssen sie andererseits den Vorgaben der übergeordneten Stellen und Verantwortungsträger entsprechen. Eine typische „Sandwich-Position". Hinzu kommt, dass nicht selten Führungskräfte in ihrem Führungsstil durch bestimmte allgemeine Vorgaben, wie z. B. Zertifizierungserfordernisse, Qualitätsmanagementleitlinien u. a. sog. „Führungssubstitute" in der Anwendung ihrer Instrumente eingeschränkt werden. Bei diesen Führungssubstituten spricht man auch häufig von dem Faktor der „apersonalen Führung".

Alle diese Faktoren begründen einerseits, warum eine Gefährdungsbeurteilung des Führungsverhaltens hohes Fingerspitzengefühl erfordert, auf der anderen Seite aber die Tätigkeiten der Führungskräfte eine spezifische Gefährdungsbeurteilung für diese Arbeitnehmergruppe rechtfertigt und im Sinne der Fürsorgepflichten auch erforderlich macht. Führungskräfte sind schließlich auch „nur" Menschen, denen der Arbeitsschutz dienen soll. Die sozialen Beziehungen der Mitarbeiter untereinander können ebenso wie bei der Führung sowohl als Ressourcen wie auch als Belastungen auftreten. So ist eine niedrige soziale Unterstützung mit einer erhöhten Wahrscheinlichkeit für Depressionen, Disstress („schlechter" Stress) und der Gefahr von Burnout assoziiert. Ähnliches gilt für soziale Konflikte (Rothe et al. 2017). Positive soziale Unterstützung dagegen äußerte sich in erhöhter Motivation und Arbeitszufriedenheit und Leistung.

Im Merkmalsbereich **Arbeitsumgebung** werden Faktoren zusammengefasst, die eher als „klassische" Themen des Arbeitsschutzes aufzufassen sind: Physikalische, chemische, physische u. a. Faktoren. Auch diese sind geeignet, psychisch belastend zu wirken. Wichtig ist dabei, sich von möglichen Grenzwertkonzepten des Arbeitsschutzes zu lösen.

So wird Lärm erst ab 80 dB(A) als Gefährdung für das Gehör angesehen, in anderen Arbeitskontexten können aber akustische Einwirkungen bei weit niedrigeren Schallpegeln zu sog. extraauralen Belastungen führen. Typisches Beispiel sind die Büroarbeiten, bei denen ab mind. 55 dB(A) entsprechende Wirkungen wie Konzentrationsstörungen, Leistungseinbußen, Stresserscheinungen auftreten können. In ähnlicher Weise sieht es mit Gerüchen aus (Mayer 2013). Obwohl die geruchsauslösenden Stoffe in weitaus geringeren Konzentrationen auftreten als z. B. der gesetzlich festgelegte Arbeitsplatzgrenzwert, wirken sie belastend. In diesen Fällen liegt absolut keine durch die chemischen Stoffe bedingte Gesundheitsgefahr vor, dennoch sind psychische Belastungen gegeben.

Nicht durch die GDA in diesem Kontext erwähnte, aber nach Meinung des Autor hierher gehörende Arbeitsumgebungsbedingungen sind die möglichen Bedrohungen, die durch Dritte in das Arbeitssystem hineingetragen werden oder die im Arbeitskontext gegenüber Dritten zu Schädigungen führen können, ohne dass sie der eigentlich „intendierten" Arbeitsaufgabe angehören.

Als Beispiel für den ersten Fall sei der Banküberfall genannt. Dieser stellt für die Betroffenen Mitarbeiter eine punktförmige hohe psychische Belastung dar, die geeignet ist, traumatische Erlebnisse mit einer langen Rekonvaleszenz auszulösen. In nicht wenigen Fällen muss der Beruf sogar ganz aufgegeben werden.

Der zweite Fall wäre der Busfahrer, der – obwohl völlig ohne Schuld – durch unglückliche Umstände ein Kind überfährt. In ähnlicher Weise sind Zugführer bei Suizidfällen extrem belastet.

Relativ wenig wissen wir dagegen über **neue Arbeitsformen**. Die kurzfristigen und langfristigen Wirkungen räumlicher Mobilität, Entgrenzung zwischen Privat- und Berufsleben, ständiger beruflicher Erreichbarkeit u. a. sind noch nicht voll verstanden. Sowohl bei der Mobilität als auch bei den anderen beiden genannten Aspekten, die unter dem Begriff „Work-Life-Balance" zusammengefasst werden können, zeigt sich eine unklare Tendenz, wobei sowohl positive wie negative Effekte auftreten können, bei der erweiterten arbeitsbezogenen

Erreichbarkeit scheinen dabei die negativen Effekte zu überwiegen (Rothe et al. 2017, Beermann 2017).

Dennoch wäre es verfrüht, hier klare Aussagen abgeben zu wollen, zumal sich bis jetzt gezeigt hat, dass nicht alleine der jeweilige Faktor entscheidend ist, sondern die Kombination mit andern Einflüssen wie Alter, familiäre Situation, die konkreten Ausführungsbedingungen u. a. Aus diesen und aus methodischen Gründen bezieht die Gemeinsame Deutsche Arbeitsschutzstrategie diese neuen Arbeitsformen nicht in ihr Aufsichtshandeln mit ein. Wir wissen einfach zu wenig Konkretes.

1.4 Belastungsstärke

Es ist sicher wichtig, Belastungsfaktoren im Rahmen der Gefährdungsbeurteilung zu identifizieren, sie müssen aber auch bewertet werden. Nicht alle Faktoren dürften die gleiche „Wirkstärke" haben und im Rahmen der Beurteilung und einer dann darauf fußenden Maßnahmenkaskade wird es erforderlich sein, zwischen starken und weniger starken Belastungsfaktoren zu unterscheiden.

Leider gibt es weder Grenzwerte noch sonstige wissenschaftlich ermittelte Maßzahlen, die eine leichte Eingruppierung ermöglichen. Wie soll aber dann beurteilt werden?

Die Zusammenfassung der diversen Forschungsergebnisse in Rothe et al. (2017) lässt erkennen, dass nahezu bei allen untersuchten Variablen lediglich schwache bis mittlere Effekte festgestellt werden konnten. So ist zwar nachgewiesen, dass die verschiedenen Belastungsfaktoren in der Tat entsprechende Effekte verursachen, aber eine Art von Gefährdungshierarchie lässt sich daraus nicht ableiten. Auf der anderen Seite zeigt gerade die BiBB/BAuA-Befragung, dass die Betroffenen durchaus unterschiedliche Belastungsempfindungen haben. Die Häufigkeit des Auftretens eines theoretischen Belastungsfaktors in dem großen, viele Berufe und Tätigkeiten repräsentierenden Kollektiv von rund 17 000 Arbeitnehmern ist hier aber noch kein Indikator für die Belastungswahrnehmung. Dies zeigen die Abb. 10 und 11 ziemlich deutlich.

Wenn wir die Selbstaussagen der Mitarbeiter aber im Sinne einer ersten Annäherung verstehen und dabei bedenken, dass Emotionsarbeit und insbesondere Belastungen mit möglichen traumatischen Folgen zu den eher stärker wirkenden Belastungen zu zählen sein dürften, so könnte die in Tabelle 7 dargestellte Gruppierung als erste Orientierungshilfe dienen. Hier ist aber Vorsicht geboten, denn die persönlichen Einschätzungen, auf die ja die Befragung letztendlich beruht, müssen nicht repräsentativ im Sinne einer „über Zeit und Raum" gültigen Wahrheit sein. Insbesondere können in konkreten Firmen die Verhältnisse anders liegen. Auch steht die doch schwache Ausprägung der Belastung bei fehlenden Sozialkontakten eher im Widerspruch zu den Ergebnissen in Rothe et al. (2017).

Andererseits zeigt sich bei kleineren Kollektiven, und insbesondere dann, wenn sie einem eher engen bzw. besser definierten Tätigkeitspektrum entstammen, eine Abhängigkeit zwischen der subjektiv empfunden Belastung und Häufigkeit der Exposition gegen diesen Faktor.

Abb. 12 demonstriert, dass das persönliche Belastungsempfinden mit der Häufigkeit des Auftretens des Belastungsfaktors im Bereich der Altenpflege steigt. Je häufiger die Exposition, umso stärker das subjektive Belastungsempfinden. Eine ähnliche Botschaft vermittelt Abb. 13. Die Ergebnisse wurden in einem Unternehmen mit weit mehr als 1000 Mitarbeitern erzielt, wobei hier zwischen den typischen psychischen Belastungsfaktoren (Zeitdruck, Störungen und

Tab. 7: *Vorschlag für eine Rangfolge relativer Belastungsstärken von Faktoren psychischer Belastung. Nach Schneider (2015b) unter Nutzung von Daten aus Wittig et al. 2013.*

Faktoren mit eher hohem psychischen Gefährdungspotenzial:
– Fehlen notwendiger Informationen – Keine rechtzeitigen Informationen – Arbeiten an der Grenze der Leistungsfähigkeit – Termin und Leistungsdruck – Störungen/Unterbrechungen bei der Arbeit – Tätigkeiten mit Schädigungspotenzial gegenüber Dritten – Tätigkeiten mit Gefahr für Leib und Leben – Starke emotionale Dissonanz – Starke emotionale Inanspruchnahme
Faktoren mit mittlerem psychischen Gefährdungspotenzial:
– Schnell arbeiten müssen – Vorgabe Zeit oder Mindestleistung – Kleine Fehler führen zu großen Verlusten – Keine Unterstützung durch Vorgesetzten – Nicht Beherrschtes wird verlangt – Keine gute Zusammenarbeit mit Kollegen – Arbeitsdurchführung bis in Einzelheiten vorgeschrieben
Faktoren mit eher geringerem psychischen Gefährdungspotenzial:
– Verschiedene Arbeiten gleichzeitig betreuen müssen – Fehlende Unterstützung durch Kollegen – Kein Teil einer Gemeinschaft – Kein Einfluss auf Arbeitsmenge – Wiederholte Arbeitsgänge – Keine eigene Pausenentscheidung – Vor neue Aufgaben gestellt – Nie Arbeit selbst planen können

Unterbrechungen ...) sowie Einwirkungen physikalisch-chemischer Parameter wie Lärm, Gerüche usw. unterschieden wurde.

Wie aus der Abbildung erkennbar ist, wurden in diesem Unternehmen beide Faktorentypen unterschiedlich stark wahrgenommen, wobei die physikalisch-chemischen Einwirkungen stärkere Reaktionen hervorriefen als die rein psychischen Faktoren. Beide stiegen aber mit der Expositionshäufigkeit an.

Es macht also durchaus Sinn, in einer Gefährdungsbeurteilung zu erheben, wie häufig die jeweilige Situation vorkommt – sicher ein leicht einsehbarer Gedanke. Im Nachgang darf dann auch gefolgert werden, dass insbesondere und zunächst die häufigen Situationen mit Maßnahmen belegt werden sollten.

Allerdings gibt es Ausnahmen: Situationen, die traumatisierend wirken, können bereits bei einmaliger Exposition die entsprechenden Folgen zeigen. Dies muss nicht unabänderlich so sein (Pangert & Gehrke 2014), aber es ist auch nicht auszuschließen. Alles in allem muss jedoch festgestellt werden, dass es keine klaren Erkenntnisse gibt, dass dieser oder jener Faktor besonders beanspruchungsstark wirkt. Vielmehr deuten die Forschungsergebnisse darauf hin, dass starke Belastungen eher aus einer Kombination bestimmter Einwirkungen entstehen als aus einem einzelnen, isolierten Umstand. Insofern werden die Ergebnisse einer Gefährdungsbeurteilung immer in eine bewertende Diskussion einmünden müssen, die unter Betrachtung aller betrieblichen Gegeben-

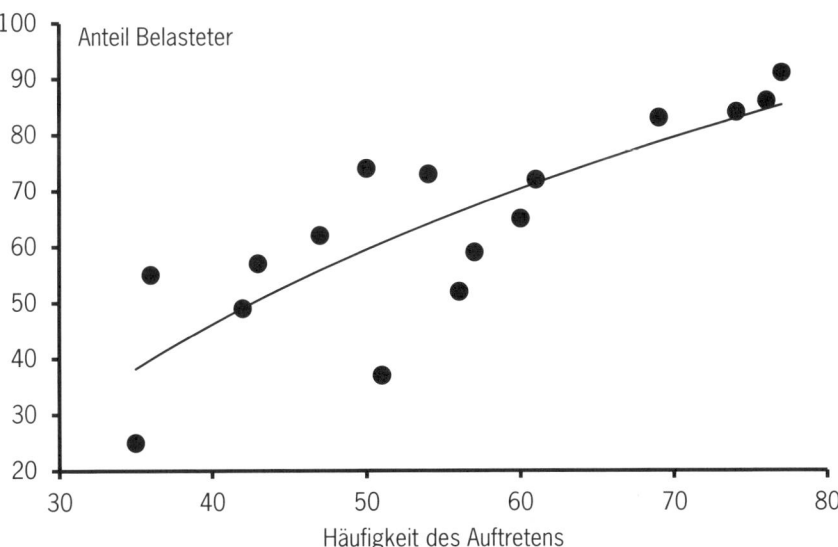

Abb. 12: *Arbeitssystem Altenpflege: Zusammenhang zwischen der Häufigkeit des Auftretens bestimmter Belastungsfaktoren und dem Anteil der Mitarbeiter, die sich durch den jeweiligen Faktor belastet fühlen. Daten aus Brause et al. (2010)*

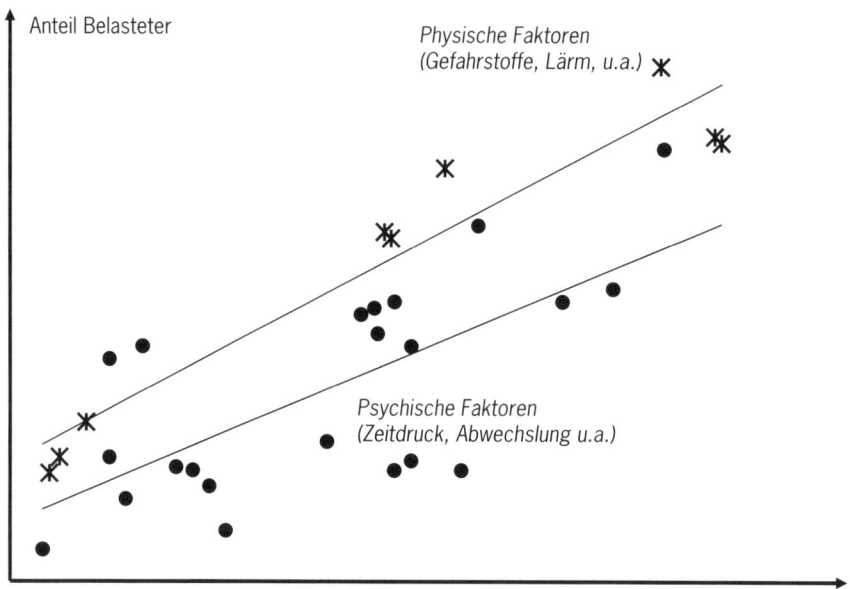

Abb. 13: *Aus einem Wirtschaftsunternehmen: Zusammenhang zwischen Häufigkeit des Auftre- tens psychischer (Punkte) und physischer (Gefahrstoffe, Lärm u. a., Kreuze) Belastungsfaktoren und dem Anteil derjenigen, die sich dadurch belastet fühlen. Für beide Faktorentypen steigt der Anteil Belasteter mit der Häufigkeit des Auftretens. Aus Anonymisierungsgründen sind keine Maßzahlen angegeben.*

heiten das aktuelle und nur für dieses Unternehmen (und ggf. nur für eine spezifische Tätigkeit) zutreffende Gefährdungsspektrum ermittelt.

Darauf werden die Maßnahmen aufgebaut. Die Vorstellung, dass z. B. eine Mitarbeiterbefragung ein Ergebnis, also eine Beurteilung liefert, ist leider falsch. Sie liefert Informationen, die wertend zu diskutieren sind.

1.5 Belastungsfaktor Mobbing

Ein dramatischer Sonderfall destruktiver sozialer Beziehungen ist Mobbing, das unabhängig von der Art der Tätigkeit an allen Arbeitsplätzen auftreten kann. Dabei darf Mobbing selbstverständlich nicht mit „einfachen" Konflikten zwi- schen Mitarbeitern verwechselt werden, sondern es handelt sich um ein häufig geplantes, systematisches Vorgehen von Einzelpersonen oder Gruppen gegen Dritte.

Es gibt keine eindeutige und allgemein akzeptierte und zu anderen Problemen völlig trennscharfe Definition des Mobbing. Am besten beschreibt es für das Arbeitsleben noch die „alte" Definition von Leymann (1995) als:

Eine konfliktbeladene Kommunikation, die

1. von Kollegen und/oder Vorgesetzten gegenüber Unterlegenen
2. oft
3. und während langer Zeit
4. mit dem Ziel und/oder dem Effekt des Ausstoßes aus dem Arbeitsverhältnis

direkt oder indirekt ausgeführt wird und die die betroffenen Person als Diskriminierung empfindet.

Dabei kann noch zwischen „Bossing" oder „Staffing" unterschieden werden, wobei im ersteren Fall Vorgesetzte mobben, im zweiten Falle Untergebene. Letztendlich sind solche Begriffsdifferenzierungen nebensächlich, zeigen aber an, dass Mobbing von allen Hierarchieebenen ausgehen kann, Chefs genauso wie einfache Mitarbeiter betroffen sein können und horizontal, also auf gleicher Hierarchieebene, wie vertikal, also über Hierarchieebenen hinweg ablaufen kann.

Warum es zu einem Mobbinggeschehen kommen kann, ist nicht immer klar erkennbar und mag einerseits in den Persönlichkeitsstrukturen von Täter und Opfer liegen, es können aber auch Reaktionen auf bestimmte Verhaltensweisen oder Vorfälle sein. Konkurrenzdruck, vermeintliche Verdrängung vom Arbeitsplatz, ungelöste Rangstreitigkeiten, persönliche Abneigungen etc. kommen in Betracht. Dies herauszufinden ist Aufgabe der Mobbingintervention. Klare Täter- oder Opferprofile sind nicht erkennbar.

Infobox

Mobbinghandlungen können sein:

– Soziale Ausgrenzung durch Nichteinbindung in soziale Netzwerke verbunden mit entsprechenden Handlungen wie z. B. übler Nachrede, „Übersehen" der Person u. a.
– Vorenthalten wichtiger Informationen
– Unnatürlich hohe Kontrollen oder Zuweisung nicht angemessener Arbeiten
– Nicht angebrachte ständige Kritik an Arbeitsergebnissen
– Manipulation an/von benötigten Arbeitsmitteln
– Verbale und ggf. auch tätliche Angriffe

- Sexuelle Belästigungen
- U.a.

Mobbing entfaltet dabei seine Wirkung durch die hohe Wiederholrate der direkten Belastungsmomente, der langen Dauer des Mobbinggeschehens, der häufig hohen Anzahl aktiv am Mobbing beteiligter Personen und ggf. auch der jeweiligen Höhe des Belastungsmomentes. Dabei sind verbale, tätliche und sexuelle Übergriffe sicher schwerwiegender und schneller wirkend als z. B. eher nur ausgrenzende Handlungen ohne direkte Einwirkung auf den Betroffenen.

Untersuchungen zeigen eine gewisse Tendenz, dass Frauen und einfachere Angestellte häufiger unter Mobbing zu leiden haben als Männer oder Chefs. Aber es kann alle treffen und es können auch alle Täter werden. Das perfide dabei ist, dass es häufig Gruppenaktionen sind, wodurch es den Betroffenen schwer fällt, Hilfe zu bekommen.

Mobbing ist kein Kavaliersdelikt, denn es kann zu schweren psychischen und gesundheitlichen Krisen führen.

Mobbing ist z. B. nach Drössler et al. 2016 u. a. verbunden mit:

- Allgemeiner Beeinträchtigung der psychischen Gesundheit
- Stress, Depression, Müdigkeit, Erschöpfung, Antriebslosigkeit
- Reduktion von Leistung, Engagement, Unternehmensbindung
- Jobwechsel
- Gefühle des Ausgeliefertseins
- Vereinsamung und Verzweiflung
- Angstzuständen
- Fehlender Erholungsfähigkeit in der Freizeit
- Herz-Kreislauf-Problemen u. a.

In vielen Fällen ergeben sich im Rahmen der Gefährdungsbeurteilung psychischer Belastungen Indizien für bisher nicht aufgedeckte Mobbingsituationen. Diese müssen dann im Nachgang systematisch untersucht werden, was häufig die Einbindung interner oder externer Fachkräfte erfordert.

Sowohl in der Prävention als auch der konkreten Situationsbewältigung sind ein hohes Einvernehmen zwischen Arbeitgeber- und Arbeitnehmerseite erforderlich. Viele Unternehmen haben entsprechende Leitlinien entwickelt und zusammen mit den Arbeitnehmervertretern Betriebsvereinbarungen abgeschlossen, die das Vorgehen und die einzubindenden Personen benennen und regeln. Als erste Ansprechpartner sind neben dem Betriebsarzt vor allem die Betriebsräte, aber auch ggf. Gleichstellungsbeauftragte und Schwerbehindertenvertretungen zu nennen. In vielen Unternehmen gibt es auch spezifische Konflikt- oder Mobbingbeauftragte.

Wichtig ist aber immer die aktive Teilnahme des Opfers, das nicht umhinkommen wird, Beweismaterial für die Mobbingsituation beizubringen. Dazu haben sich „Mobbing-Tagebücher" bewährt, in der die jeweiligen Situationen mit Datum, Uhrzeit, Namen der Beteiligten und Darstellung des Vorganges notiert werden sollte. Diese Aufzeichnungen können bzw. müssen dann im nachfolgenden Klärungsverfahren ausgewertet werden.

Die Veränderung einer Mobbingsituation ist daher in der Regel ein langwieriges Verfahren und kann nur dann gelingen, wenn von Seiten der Geschäftsleitung und der Mitarbeitervertretung eine entsprechend feste Haltung gezeigt wird, die ggf. sogar die Rolle bestimmter Führungskräfte zu hinterfragen hat. Es ist jedenfalls kein Thema, das in der Gefährdungsbeurteilung psychischer Belastungen schnell gelöst werden kann. Hier sind Sonderprozesse einzuleiten und ggf. entsprechende Strukturen zu schaffen.

1.6 Gegengewichte: Ressourcen

Belastungen auf Körper und Geist ist kein Mensch schutzlos ausgeliefert. Jeder Mensch verfügt über körperliche Merkmale, Handlungsstrategien oder innere Einstellungen, die helfen, mit Belastungen umzugehen, ihnen standzuhalten oder sie sogar zu Steigerung der eigenen Ressourcen zu nutzen.

Im körperlichen Bereich stellt z. B. die Muskelausstattung eine Ressource für die Belastung durch Heben schwerer Gegenstände dar. Sind genügend Muskeln vorhanden, kann der betreffende Gegenstand gehoben werden. Aber nicht jeder Mensch hat die gleiche Muskulatur, es gibt stärkere und schwächere Menschen. Die gleiche Belastung wird also durch Menschen unterschiedlicher Muskulatur auch unterschiedlich erfahren und wird zu einer unterschiedlichen Bewältigung der Belastungen führen: Der eine schafft es ohne größere Probleme, der andere nicht.

Wird der schwächeren Person jedoch z. B. ein kraftbetriebenes Hebezeug zur Seite gestellt, so kann auch sie das große Gewicht bewältigen. Die unzureichenden „internen" Ressourcen (hier die Muskeln) werden zur Erledigung der Aufgabe durch „externe" Ressourcen (hier das Hebezeug) ergänzt. In ähnlicher Weise ist es für eine psychische gesunde Arbeit entscheidend, interne und externe Ressourcen anzubieten bzw. zu nutzen und zu steigern, soweit letzteres möglich ist.

Interne Ressourcen gegenüber psychischen Belastungen sind selbstverständlich personengebunden und im Rahmen der Arbeitsgestaltung nicht beliebig abrufbar oder trainierbar.

Beispiele für interne Ressourcen:

– Erfahrungen im Umgang mit bestimmten Situationen
– Gelerntes und angewandtes Wissen
– Intelligenz und Bildung
– Psychische Widerstandsfähigkeit („Resilienz")
– Selbstvertrauen, Selbstwertgefühl
– Einstellungen zur Arbeit
– Familiäre/partnerschaftliche Unterstützung
– Materieller Status
– Gesunde Lebensführung, körperlich-geistige Aktivität
– Allgemeine genetische und konstitutionelle Widerstandskräfte

Problematisch ist mit Bezug auf den Arbeitskontext, dass diese Ressourcen nur bedingt zum Schutz der Mitarbeiter in der Arbeitsgestaltung eingesetzt werden können und sollen. Erstens kennt niemand alle Ressourcen der Mitarbeiter, zweitens sind diese in einem Arbeitnehmerkollektiv durchaus unterschiedlich verteilt, drittens sind sie nicht beliebig gestalt- und einsetzbar und viertens besteht nach dem Arbeitsschutzgesetz ein klarer Primat der Verhältnisprävention gegenüber der Verhaltensprävention. Erst sind die Umstände zu verbessern, bevor auf die inneren Ressourcen der Menschen zurückgegriffen werden darf.

Eine gut gestaltete Arbeit wird also dann gegeben sein, wenn den Mitarbeitern entsprechende externe Ressourcen angeboten werden. Dabei lässt sich etwas vereinfachend sagen, dass **externe Ressourcen** dann gegeben sind, wenn die negativen Belastungsfaktoren in das Gegenteil verwandelt sind. Bei der Belastung durch enge zeitliche Taktung wird die Umwandlung in eine angemessene, d. h. zumutbare Zeittaktung als externe Ressource aufzufassen sein. Bei abwechslungsarmen Tätigkeiten ist die Steigerung der Abwechslung die für eine gesunde Arbeit notwendige externe Ressource.

Beispiele für externe Ressourcen

– Handlungs- und Entscheidungsspielräume
– Klare Zuständigkeitsregelungen
– Fachliche und Soziale Unterstützung durch Kollegen/Mitarbeiter
– Partizipationsmöglichkeiten bei der Aufgaben-/Arbeitsgestaltung

- Qualifikationsmöglichkeiten
- Physisch und psychisch verträgliche Arbeitszeiten
- Gesundheitlich zuträgliche Arbeitsbedingungen
- Technische Unterstützungssysteme
- Anerkennung, Rückmeldung, „Gratifikation"
- Gerechte Verteilung von Informationen, Gütern (z. B. Prämien) usw.
- Mitarbeiterorientiertes Führungsverhalten

Dabei ist es jedoch nicht so, dass die beiden Ressourcentypen völlig unabhängig voneinander existieren, denn in gewissen Grade beeinflussen sie sich gegenseitig, wobei insbesondere externe Ressourcen helfen können, interne Ressourcen zu verbessern oder mindestens zu bestätigen. So wird z. B. eine mit Hilfe externer Ressourcen gelungene knifflige Aufgabe das Selbstvertrauen stärken und den Erfahrungshorizont erweitern, was sich positiv auf die weitere Arbeit und neue Aufgaben auswirken wird.

Mitarbeiter mit Selbstvertrauen, breitem Erfahrungshorizont und häufig erhaltener Bestätigung werden im Gegenzug auch ein Scheitern an einer Aufgabe nicht als das Ende und als Niederlage ansehen, sondern als das, was es ist: Eine nicht zur Zufriedenheit beendete Aufgabe. Und wenn jemand weiß, wie es nicht geht, braucht er oder sie bei einem neuen Anlauf diesen Weg nicht mehr zu probieren. Auch das Scheitern ist ein Erkenntnisgewinn auf dem Weg zum Ziel.

Wie verhalten sich nun in der Theorie Belastungen und Ressourcen zueinander? Die Antwort ist im Rahmen von Modellvorstellungen relativ einfach: Überwiegen die Belastungen die Ressourcen (als „Summe" der internen und externen Ressourcen), so ist mit einer hohen Wahrscheinlichkeit eine auf Dauer psychisch ungesunde Arbeitssituation zu erwarten (Abb. 14). Überwiegen jedoch die Ressourcen oder halten den Belastungen wenigstens die Waage, so ist davon auszugehen, dass negative Folgen ausbleiben und ggf. sogar positive Effekte durch die Arbeit erzielt werden: Bestätigung, Leistungsbereitschaft, Freude an der Arbeit, langfristig psychische und physische Gesundheit etc.

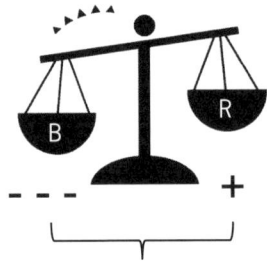 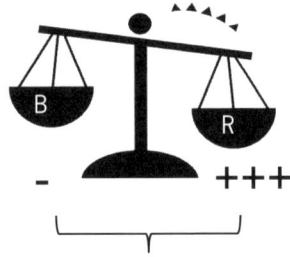

B > R
Belastungen (B) größer als Ressourcen (R),
negative Folgen zu erwarten

B ≤ R
Ressourcen gleich oder größer als Belastungen,
Neutrale oder positive Folgen zu erwarten

Abb. 14: *Einfaches mechanisches Modell zum gegenseitigen Wechselspiel zwischen Belastungen und Ressourcen.*

Es ist daher im Rahmen der Gefährdungsbeurteilung wichtig, nicht nur Belastungsfaktoren zu sammeln, sondern auch die Ressourcen zu erheben, zu prüfen und abzuwägen. Dabei kann und darf bei der späteren Arbeitsgestaltung durchaus das **Kompensationsprinzip** angewendet werden: Wenn z. B. ein bestimmter Belastungsfaktor nicht verbessert werden kann, so können kompensatorisch Maßnahmen an anderer Stelle ergriffen werden, um die Gesamtbelastung durch das Arbeitssystem zu verringern.

Beispiel:

In einem Unternehmen müssen auf Kundenanforderung in sehr kurzer Zeit hohe Stückzahlen eines Produktes hergestellt und versandt werden. Es liegt für die betreffenden Mitarbeiter eine hohe zeitliche Belastung vor, die ein schnelles und konzentriertes Arbeiten notwendig macht. Überstunden und Wochenendarbeit sind unausweichlich. Selbstverständlich kann an dem Auslöser der Belastung, also der zeitlich engen Situation, nichts geändert werden. Die Spielräume bzgl. der zeitlichen Gestaltung sind eng bis nicht vorhanden. Um dieser Situation abzuhelfen, können jedoch aus einer Nachbarabteilung zusätzliche Mitarbeiter abgestellt werden, die die Kollegen in der Produktions- und Versandabteilung unterstützen und so den Zeitdruck auf den Einzelnen reduzieren. Die zusätzlich abgestellten Mitarbeiter haben dabei die Funktion zusätzlicher externer Ressourcen. Überstunden und Wochenendarbeit sind nicht notwendig und die Arbeit in den „entsendenden" Abteilungen wird z. B. für den fraglichen Zeitraum durch Leiharbeitskräfte erbracht.

Das Beispiel mag trivial wirken, aber Kompensation muss nicht kompliziert sein.

1.7 Ressource Resilienz?

In vielen Medien wird immer wieder auf die Resilienz als wichtige Quelle psychischer Gesundheit hingewiesen und ein Heer an Anbietern möchte die Resilienz einer möglichst breiten Kundschaft trainieren. Damit die psychischen Belastungen im Beruf besser ausgehalten werden. Aber was ist dran an diesem Zauberwort?

Resilienz bezeichnet als Wort zunächst die Fähigkeit eines Systems, nach einer Auslenkung in den Grundzustand zurückzukehren. So wird z. B. in der Physik ein Material als resilient bezeichnet, das nach Verformung wieder die alte Form annimmt, in der Ökologie meint es Lebensräume, die nach einer Störung (etwa durch einen Hurrikan) ihr altes Gepräge wieder annehmen.

In ähnlicher Weise wird der Begriff in der Psychologie verwendet: „Ganz allgemein betrachtet ist Resilienz die Fähigkeit von Menschen, auf wechselnde Lebenssituationen und Anforderungen in sich ändernder Situationen flexibel und angemessen zu reagieren und stressreiche, frustrierende, schwierige und belastende Situationen ohne psychische Folgeschäden zu meistern" (Stangl 2017).

Entwickelt und geprägt wurde der Begriff in den 70er Jahren als Ergebnis einer seit den 50er Jahren laufenden Langzeitstudie an Kindern aus sozial benachteiligten Kreisen und zerrütteten Familien. Entgegen den damals herrschenden Erwartungen konnte die Entwicklungspsychologin Emmy Werner zeigen, dass ein Teil der Kinder im Erwachsenenalter selbstständige, erfolgreiche Menschen wurden. Anderen gelang dies nicht. Der Unterschied ergab sich u. a. aus den jeweiligen Umgebungsfaktoren und bestimmten personengebunden Merkmalen. Diese Eigenschaftssumme wurde erstmals als „Resilienz" bezeichnet. In der Nachfolge hat es diesbezüglich eine breite Forschung gegeben und nach Fröhlich-Gildhoff und Rönnau-Böse (2009) verfügen resiliente Personen über folgende Eigenschaften:

– Positive Selbstwahrnehmung
– Selbststeuerungsfähigkeit
– Selbstwirksamkeitsüberzeugung
– Soziale Kompetenz
– Gelungene Stresshandhabung
– Problemlösungsfähigkeit.

Diese Faktoren, und ggf. noch weitere, zeigen an, dass Resilienz nicht eine Eigenschaft „an sich" ist, sondern sich aus dem Zusammenwirken der genannten Bausteine ergibt. Jeder Mensch hat daher ein anderes Resilienzverhalten, und es gibt Menschen, die über eine geringe Resilienz verfügen, während andere damit reich gesegnet sind. Darüber hinaus zeigen neuere Forschungen, dass genetische Faktoren eine nicht unbedeutende Rolle spielen können und dass traumatische Erfahrungen die Umsetzung des genetischen Codes verändern und ggf. sogar vererbt werden könnten (Für Nichtfachleute: siehe auch Nestler 2013).

Aufgrund der mosaikartigen Zusammensetzung der Resilienz wurde darüber nachgedacht durch Stärkung der jeweiligen Komponenten die psychische Widerstandsfähigkeit nachhaltig zu verbessern. Das gelingt – bei Kindern und Jugendlichen. Und hier liegt zurzeit das Problem: Fast alles, was wir über die Resilienz wissen, ist in Studien an Kindern und Jugendlichen erarbeitet worden. Auch die Möglichkeit, Resilienz zu verbessern oder zu steigern. Nach Wissen des Autors liegt bisher keine eindeutige wissenschaftliche Studie vor, die nachweist, dass Resilienz auch bei Erwachsenen durch Trainings grundlegend geändert, also in unserem Sinne, gesteigert werden kann. Erschwert wird die Situation auch dadurch, dass die Resilienzmodelle in unterschiedlichen Zweigen der Psychologie verschieden sind.

Vereinfacht lässt sich zurzeit eine „Zwei-Lager-Bildung" feststellen. Die einen Forscher gehen davon aus, dass Resilienz eine personengebundene Eigenschaft ist, die sich im Kinder- und Jugendalter entfaltet und danach nicht wesentlich veränderungsfähig ist. Die gegenteilige Ansicht geht davon aus, dass Resilienz auch im Erwachsenenalter trainierbar ist. Dafür gibt es Hinweise, aber noch keine eindeutigen Ergebnisse. Eine Zwischenlösung könnte allerdings sein, dass in der Kinder- und Jugendphase der grundsätzliche Resilienzrahmen entwickelt und fixiert wird, die Ausschöpfung des Rahmens durch entsprechende Maßnahmen jedoch verbessert werden kann. Mit anderen Worten: Viele Menschen bleiben gewissermaßen unter ihren Möglichkeiten, was natürlich nicht sein muss.

Diese schwierige Erkenntnislage lässt auf weitere Klärung im Rahmen der Forschung hoffen, etwa durch die Arbeit des Deutschen Resilienz-Zentrums an der Universität Mainz (www.drz.uni-mainz.de) oder anderer Institutionen. Dieselbe schwierige Erkenntnislage lässt aber auch die diversen Trainings- und Verbesserungsangebote kritisch erscheinen, denn wenn wir nicht wissen, ob es geht, wie sollen wir wissen, wie man es macht? Ohne Zweifel ist allerdings der Eigenschaftskomplex der Resilienz eine persönliche Ressource, die zur Bewältigung von psychischen Belastungssituationen geeignet ist – bei dem einen mehr, bei dem anderen weniger.

Es ist aber auch klar, dass eine mögliche Trainierbarkeit im Rahmen der Arbeitsgestaltung nur einen zusätzlichen und keinen grundsätzlichen Faktor darstellt.

Schlecht gestaltete Arbeit kann nicht einfach durch entsprechende Trainings und das „Hart-Machen" der Mitarbeiter ausgeglichen werden.

Es käme auch niemand auf die Idee, Mitarbeiter in das Sportstudio zu schicken, damit der Bizeps trainiert wird, um in der Firma große Lasten ohne technische Hilfsmittel besser handhaben zu können.

Dem steht auch das Arbeitsschutzgesetz entgegen, dass im § 4 Nr. 2 klar macht, dass Gefahren an der Quelle zu beseitigen sind und dass individuelle Schutzmaßnahmen nachrangig zu anderen Maßnahmen sind (§ 4 Nr. 5 ArbSchG). Resilienztrainings werden daher nie zu einer Säule gut gestalteter Arbeit werden.

2. Beanspruchung und Beanspruchungsfolgen

Bisher wurden ausschließlich die Belastungen betrachtet und deren Gegengewichte, die Ressourcen, erläutert. Was bewirkt aber die Belastung? Was ist die Beanspruchung und welche Folgen ergeben sich aus ihr? Gerade die Beanspruchungen sind es ja, die den Menschen krank machen, die Belastung ist nur der Auslöser. Bereits im ersten Kapitel wurde der Beanspruchungsbegriff definiert:

Psychische Beanspruchung: *„Unmittelbare Auswirkung der psychischen Belastung im Individuum in Abhängigkeit von seinen jeweiligen individuellen Voraussetzungen"*

Dabei liegt die Betonung auf den beiden Wörtern „im Individuum". Beanspruchung ist also das, was sich im Körper vollzieht und dann entsprechende Folgen – die Beanspruchungsfolgen eben – nach sich zieht. Beanspruchung ist somit an körperliche Reaktionen auf die Belastungen gebunden, die sich im Gehirn, dem Nervensystem und den Organen abspielen und in der Regel zu zeitlich begrenzten physiologischen und psychischen Veränderungen im Vergleich zu einer unbelasteten Ausgangslage führen.

Diese Reaktionen sind aber nicht per se negativ, sondern überlebenswichtige Anpassungen an die unterschiedlichen Herausforderungen, die die Umwelt an den Menschen stellt. Sie sind stammesgeschichtlich sehr alt und in den wesentlichen Grundzügen bereits im Tierreich ausgebildet.

Die Einwirkung von solchen Stressreaktionen soll nachfolgend an drei Beispielen demonstriert werden, um ein physiologisches Grundverständnis für die körperlichen Veränderungen in solchen Situationen zu fördern.

2.1 Stress physiologisch gesehen

Stress ist einer der wichtigsten Faktoren im Rahmen der psychischen Belastungen, ja vielleicht sogar die grundlegende Einflussgröße, egal durch welchen konkreten Belastungsfaktor gerade dieser Stress ausgelöst wird. Dabei gibt es eine ganze Reihe von Stressdefinitionen, die wir hier aber übergehen wollen, da sie für die praktische Arbeit im Arbeitsschutz keine Rolle spielen und eher geeignet sind psychologische Spezialdiskussionen zu füttern als (direkte) Auswirkungen auf die Gestaltung von Arbeit zu nehmen. Wichtiger ist, zu verstehen, was im Körper abläuft.

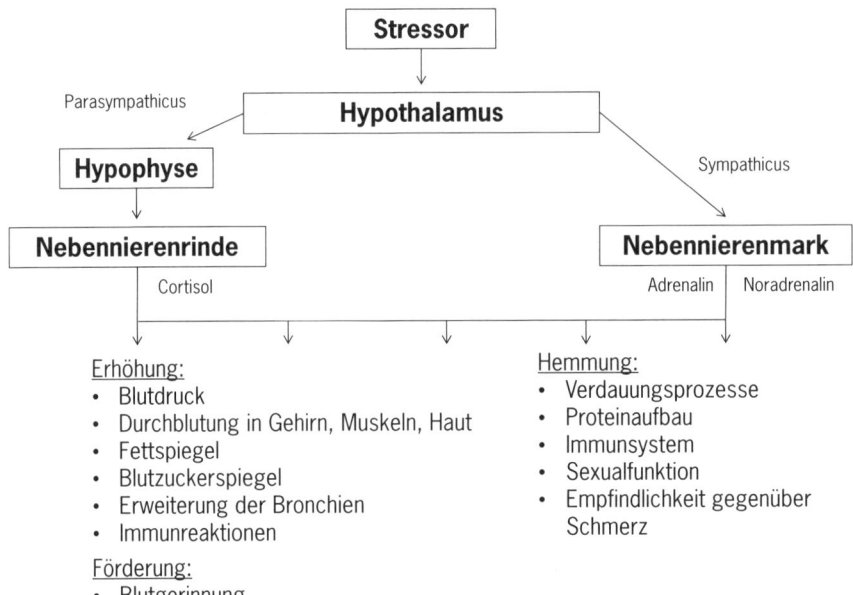

Abb. 15: *Die wichtigsten physiologischen Reaktionen bei Auftreten von Stress.*

Abb. 15 stellt die wichtigsten Zusammenhänge vor. Wirkt ein Stressor aktiv auf uns ein, so reagiert darauf ein bestimmter Bereich des Gehirns, der Hypothalamus genannt wird. Diese Schaltstelle aktiviert die Fasern des sympathischen Nervensystems, die die Nebennieren, genauer das Nebennierenmark, dazu bringen, die Hormone Adrenalin und Noradrenalin auszuschütten.

Der Hypothalamus aktiviert aber gleichzeitig auch die Hirnanhangdrüse, die Hypophyse, die über Zwischenhormone zeitverzögert die Nebennierenrinde anregt, das Hormon Cortisol freizusetzen. Die Hormone führen zu einer Erhöhung wichtiger Leistungsfunktionen des Körpers. Adrenalin und Noradrenalin steigern den Blutdruck, die Durchblutung lebenswichtiger Organe wie Gehirn, Herz und Muskeln nimmt zu, der Blutzuckerspiegel steigt, ebenso bestimmte

Immunreaktionen, die Blutgerinnungsfähigkeit erhöht sich und erweiterte Bronchien lassen eine schnellere und intensivere Atmung zu. Kurz: der Körper wird „kampfbereit" gemacht, auf Leistung optimiert und ist gewappnet, Auseinandersetzungen zu begegnen.

Dazu passt, dass im Rahmen dieser „Mobilmachung" durch das Cortisol alle Funktionen heruntergefahren werden, die in dem Kontext nicht gebraucht werden, also z. B. die Verdauung, die Sexualfunktionen und einige Immunreaktionen. Ist dann die Stresssituation vorbei, so normalisieren sich die Körperfunktionen wieder auf eine ausgeglichene Lage. Wenn jedoch der Stress sehr häufig oder dauerhaft wirkt, so verbleibt der Körper in dem angespannten Zustand, was auf Dauer zu psychischen und gesundheitlichen Problemen führt. Es ist also kein Wunder, wenn z. B. dauerhafter seelischer Druck zu Impotenz führen kann bzw. ein Verlust des Sexualverlangens auftritt, die Sexualfunktionen sind durch die hohen Stresshormonspiegel ja dauernd heruntergefahren.

Betrachten wir nun als zweiten Aspekt das Immunsystem genauer (Abb. 16). Die Abwehrkräfte des Körpers gegen eindringende Krankheitserreger sind zweigleisig organisiert. Dringen Viren oder Bakterien („Antigene") in den Körper ein, werden sie von sog. antigenpräsentierenden Zellen aufgenommen und in Kontakt mit „naiven" (also undifferenzierten) T-Zellen gebracht. Ist das Antigen ein Virus, so werden anschließend T1-Helferzellen gebildet, die Killerzellen und Makrophagen aktivieren. Diese spezialisierten Zellen greifen nun die von Viren befallenen Zellen an und vernichten sie und die Viren. Dies ist die zelluläre Immunantwort.

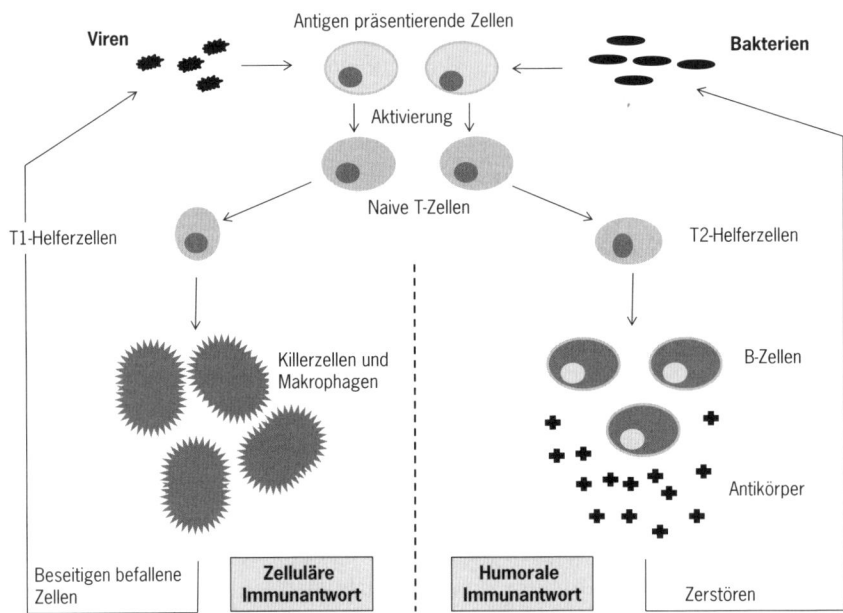

Abb. 16: *Stark vereinfachte Darstellung der beiden Wege physiologischer Immunantworten.*

Ist das Antigen jedoch ein Bakterium, so bilden sich T2-Helferzellen, die B-Zellen dazu anregen, spezifische chemische Stoffe, sog. Antikörper, gegen die Bakterien zu bilden. Gewissermaßen interne Antibiotika, die die Bakterien zerstören. Dies ist die humorale Immunantwort. Das Verhältnis der beiden Wege zueinander wird in der Regel durch Art und Menge der im Blut auftretenden Antigene geregelt. Es sind nie mehr Killerzellen und Antikörper im Einsatz als notwendig.

Unter der Wirkung des Hormons Cortisol, das ja bei Stress ausgeschüttet wird, verschiebt sich das Verhältnis. Die zelluläre Immunantwort wird gedämpft, die humorale gesteigert, was für die Situation eine sinnvolle Maßnahme ist. Aber eben nicht auf Dauer. Bleibt der Cortisolspiegel im Blut durch anhaltenden Stress hoch, wird letztendlich die erniedrigte Virenabwehr zum Dauerzustand und die unnötig hohen Antikörpermengen greifen den Körper an. Deswegen leiden Personen mit dauerhaft psychischem Stress sehr viel häufiger unter Viruserkrankungen und durch Antikörper erzeugte Entzündungsreaktionen als ungestresste Menschen.

Neben diesen Effekten kommt es – drittens – unter Dauerstress auch zu Veränderungen im Gehirn und damit einhergehenden Verhaltensänderungen bei den betroffenen Personen. Wie nun bereits bekannt, spielt der Hypothalamus bei den Stressreaktionen eine wichtige Rolle. Eine andere Struktur im Gehirn ist aber mittelbar auch beteiligt: Der „Mandelkern" oder die Amygdala.

Der Mandelkern spielt eine wichtige Rolle bei der Bewertung von Situationen, steuert aber auch z. T. das Aggressions-, Flucht- und Wutverhalten. Im seelisch entspannten Zustand werden sowohl die Aktivitäten des Hypothalamus als auch des Mandelkerns von einer im vorderen Teil des Gehirns gelegenen Struktur, dem präfrontalen Cortex, kontrolliert.

Im Stresszustand verringern die freigesetzten Hormone jedoch die Kontroll-funktion des präfrontalen Cortex. Die Folge ist impulsives, ungesteuertes Verhalten, sowie Denkblockaden – wir sind wütend, aggressiv, beleidigend und rationalen Argumenten nicht mehr zugänglich. Mit Absinken der Stresshormone kriegen wir aber schnell wieder einen „klaren Kopf".

Unter Dauerstress und fortgesetzter hoher Hormonlage verändert sich aber die Struktur des Gehirns. In der Amygdala werden zusätzliche Nervenfasern angelegt, so dass die Funktionen schneller und stärker ablaufen können. Zugleich werden jedoch Nervenverbindungen im frontalen Cortex abgebaut – seine Kontrollfunktion sinkt. Das Ergebnis sind Verhaltensänderungen, nachlassende rationale Steuerung der Verhaltensäußerungen sowie eine Abnahme des Abwägens, welche Reaktionen wann, wie und in welcher Weise gezeigt werden.

Interessanterweise sind Gedächtnisstörungen, Depressionen und posttraumatische Belastungsstörungen eng mit Fehlfunktionen des Mandelkerns verbunden.

Stresssituationen führen also zu massiven Veränderungen wichtiger Körper-funktionen, die zur Bewältigung der Situation benötigt werden. Bei nur kurzzeitiger Exposition treten dabei lediglich leichte und reversible Folgeerscheinungen auf, was ein natürlicher und lebenswichtiger biologischer Zustand ist. Bei andauerndem Stress kommt es jedoch langfristig zu unterschiedlichen Erkrankungen und Fehlfunktionen. Das biologische System ist überlastet.

2.2 Kurz- und langfristige Beanspruchungsfolgen

Da sich die Stressreaktionen im Wesentlichen „verdeckt" im Körper abspielen, können wir sie meist nicht direkt beobachten. Was dem Außenstehenden aber zugänglich ist, sind die Beanspruchungsfolgen. Diese können – wie bereits erwähnt – kurzfristig wie langfristig sein und sie können positiv oder negativ sein.

Der Autor wird dabei nicht müde, immer wieder zu betonen, dass Belastungen und psychische Beanspruchungsfolgen nicht nur negativ zu sehen sind. Wir können ohne eine Belastung nicht leben und uns auch nicht in einem humanen Sinne entwickeln. Die bereits erwähnten Humankriterien machen nur Sinn, wenn Belastung eintritt. Diese muss aber ein angepasstes Maß haben und ggf. entsprechende Unterstützung (Ressourcen) aufweisen. Dann wird psychische Belastung positive Beanspruchungsfolgen zeigen und zu einer Stärkung der Ressourcen führen. Wenn es aber zu viele, die falschen oder nicht unterstützte Belastungen sind, sind negative Effekte zu erwarten. Die Ressourcen spielen also bei der Frage, ob Belastung positiv oder negativ endet, eine wichtige Rolle. Unser anfängliches Bild in Abb. 1 mit einer „rohen" und undifferenzierten Visualisierung muss also verfeinert werden (Abb. 17), wobei die „Belastungs-Ressource-Waage" aus Abb. 14 mit integriert wird.

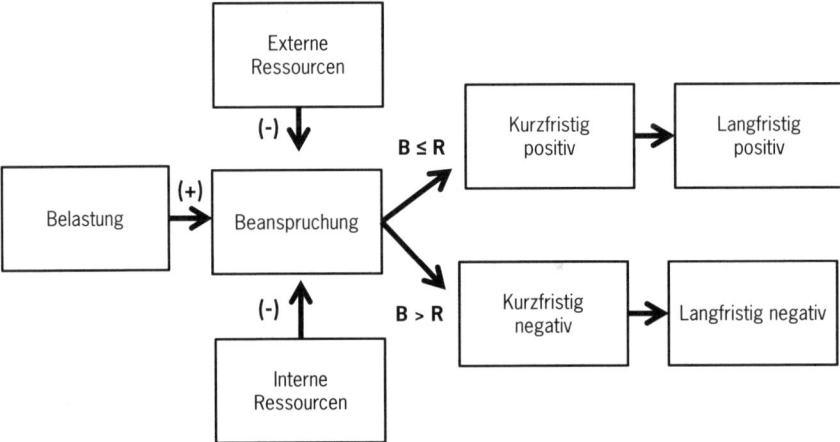

Abb. 17: *Differenziertes Belastungs- und Beanspruchungsmodell. Belastungen erhöhen (+) die Beanspruchung, die Ressourcen können aber dazu dienen, mit den Belastungen besser umzugehen und so die Beanspruchungsreaktionen abmildern (–). Je nachdem, ob die Ressourcen (R) größer oder gleich den Belastungen (B) sind, können positive Effekte auftreten. Sind die Belastungen aber größer als die Ressourcen, sind kurz- und langfristige negative Folgen zu erwarten.*

In diesem Zusammenhang sei empfohlen, nicht von Fehlbeanspruchungen im Zusammenhang mit negativen Auswirkungen zu sprechen, sondern diese grundsätzlich als **Fehlbelastungen** zu bezeichnen. Die Beanspruchung ist „nur" die die Reaktion des Körpers auf die Belastung. Wenn also negative Effekte eintreten, liegt das an den Belastungen, nicht an der Physiologie des Menschen. Primäre Einwirkgröße ist immer die Belastung und diese soll nach dem Arbeitsschutzgesetz betrachtet und gesundheitsverträglich gestaltet werden.

Kurzfristige Folgen

> Kurzfristig positive Beanspruchungsfolgen sind Aufwärmeffekte, Aktivierung, Lernen und Übungseffekte.

Aufwärmeffekte meinen nach der DIN EN ISO 10075-1:2018-1, dass nach Beginn der Arbeit, diese bald leichter und mit weniger Anstrengung ausgeführt werden kann. Dies kann dann in die Aktivierung einmünden, womit ein Zustand hoher psychischer und körperlicher Funktionstüchtigkeit beschrieben wird. Dazu kommen Übungseffekte, was allerdings nicht sehr kurzfristig (aber auch nicht wirklich langfristig) erfolgt. Gemeint sind dabei mit Lernprozessen verbundene individuelle Leistungssteigerungen. Die dafür benötigte Zeitdauer hängt natürlich von der Komplexität der Aufgabe ab. Einfache, mechanische Manipulationen können schon nach wenigen Minuten Übung zu einer Leistungssteigerung führen, während hoch komplexe Tätigkeiten vielleicht Wochen benötigen.

> Kurzfristig negative Beanspruchungsfolgen sind psychische Ermüdung und ermüdungsähnliche Zustände wie Monotonie, herabgesetzte Wachsamkeit und psychische Sättigung.

Die psychische Ermüdung ist nichts anderes als eine vorübergehende Beeinträchtigung der psychischen und körperlichen Leistungsfähigkeit, der man am besten durch Unterbrechung der Tätigkeit abhelfen kann. Dies unterscheidet sie von den ermüdungsähnlichen Zuständen, die eher durch einen Aufgabenwechsel als durch zeitliche Unterbrechung beendet werden können.

Innerhalb der ermüdungsähnlichen Zustände spielt Monotonie bei eher einfachen und häufig wiederholten Aufgaben eine Rolle. Diese wurde bereits Anfang des 20. Jahrhunderts entdeckt und war die erste wahrgenommene psychische Beanspruchungsfolge. Monotonie ist mit Müdigkeit, Schläfrigkeit, Leistungsabnahme, Leistungsschwankungen und Verminderung der Reaktionszeit verbunden. Als Körpersignal ist eine Zunahme der Schwankungen der Herzfrequenz festzustellen.

Sehr ähnlich ist die herabgesetzte Wachsamkeit, die aber bei andauernden Beobachtungstätigkeiten in Leitwarten, an Radarschirmen usw. auftritt und zu verminderter Signalentdeckungsleistung führt. Wenn also etwas passiert, wird es nicht mehr bemerkt. Ansonsten ähneln die Symptome denen der Monotonie. Es ist leicht einsehbar, dass beide Effekte sowohl auf Dauer psychisch unbefriedigend als auch durch die verminderte Aufmerksamkeit unfallträchtig sind. Sie sollten also nach Möglichkeit vermieden werden. Die psychische Sättigung ist – wie der Name andeutet – eher ein „Überlaufen", verbunden mit einer nervös-unruhevollen und affektorientierten Ablehnung der Tätigkeit. Häufig herrscht dabei das Gefühl des „Auf-der-Stelle-Tretens" und des nicht Weiterkommens, was mit Ärgerempfindungen verbunden sein kann. Hier tut Unterbrechung oder Aufgabenwechsel not.

Alle diese kurzfristigen positiven und negativen Beanspruchungsfolgen sind jedoch reversibel und verschwinden, wenn die auslösenden Bedingungen nicht mehr gegeben oder die Aufgaben anders konzipiert sind. Dies sieht bei den langfristigen Folgen dagegen anders aus.

Langfristige Folgen

Langfristige Folgen psychischer Belastung können im positiven Sinne Steigerungen des Engagements, der Arbeitsfreude, der Ausweitung persönlicher Ressourcen, der Unternehmensbindung und eine Stärkung der Mitarbeiterbeziehungen sein. Auf der negativen Seite stehen dagegen psychische und körperliche Erkrankungen oder erkrankungsähnliche Zustände wie Depersonalisation, Burnout, Depression, Rücken- und Schlafprobleme, Herz-Kreislauf-Erkrankungen u. a.

Wichtig ist dabei die Einsicht, dass Psyche und Körper eine Einheit bilden und nicht, wie früher gedacht, unabhängig voneinander reagieren. Insofern können häufig die Gründe für Missempfindungen und gesundheitliche Problemen nicht klar einer eher körperlichen oder einer eher psychischen Quelle zugeordnet werden. Typisch für diese Schwierigkeit sind Schmerzempfindungen und Rückenprobleme. Diese können selbstverständlich eine rein organische Ursache haben, aber in vielen Fällen lässt sie sich nicht finden. Forschungen haben gezeigt, dass Schmerzempfindungen und Rückenprobleme häufig mit Arbeiten assoziiert sind, die unter psychischen Gesichtspunkten schlecht gestaltet sind (siehe z. B. in Angerer et al. 2014), ohne dass dies allerdings grundsätzlich und immer auf einen kausalen Zusammenhang beruhen muss

Auf der anderen Seite sind auch primär schlecht gestaltete körperliche Tätigkeiten geeignet, psychische Probleme auszulösen.

Ob und was bereits krankheitswert hat, ist nicht immer eindeutig bestimmt. So wird das Phänomen der Depersonalisation sicher eher als Störung, denn als klare Erkrankung aufzufassen sein. Depersonalisation meint dabei eine Veränderung des Persönlichkeitsgefühls, in dem sich die Betroffenen nicht mehr als zu ihnen selbst zugehörig empfinden, sie fühlen sich fremd, unwirklich, leblos usw. Dies kann auch Objekte ihrer Umgebung mit einbeziehen.

Beim Thema Burnout schwanken zurzeit die Fachleute, ob sie als Vorstufe einer Depression mit noch nicht eigenem Krankheitswert oder als „echte" Krankheit mit definiertem Beschwerdebild aufzufassen ist. Die Depression wird dagegen als Krankheit verstanden. Diese Unsicherheiten spielen aber eher eine untergeordnete Rolle, da auch der Begriff der Krankheit selbst in der Kritik steht und ggf. genauso „schwammig" ist wie der Begriff der Gesundheit. Und letztendlich ist es den Betroffenen egal, in welche Schublade ihre Beschwerden gesteckt werden. Entscheidend ist, dass dagegen etwas getan wird. Die langfristigen Folgen allgemeiner psychischer Fehlbelastung können sich somit auf verschiedenen Ebenen Bahn brechen und beinhalten auch die Verwendung von Sucht- und Rauschmitteln. Tabelle 8 stellt die diversen Effekte nach der Literatur zusammen.

Schwieriger wird es, wenn Störungen/Erkrankungen/psychische Beeinträchtigungen auf konkrete psychische Belastungsfaktoren zurückgeführt werden sollen. Da sowohl psychische als auch organische Erkrankungen durch viele Faktoren (die ggf. auch noch miteinander interagieren) bedingt sein können, benötigt es intensive Studien, um mit ausreichender Wahrscheinlichkeit Erkrankungen auf konkrete Auslöser zurückführen zu können. Dementsprechend gibt es auch nur relativ wenige hinreichend gesicherte Befunde. Tabelle 9 stellt die zurzeit bekannten Zusammenhänge dar.

Für tiefer gehende Erläuterungen siehe z. B. den Sammelband von Angerer et al. (2014) oder die im gleichen Jahr vom Landesinstitut für Arbeitsgestaltung des Landes Nordrhein-Westfalen herausgegebene Schrift „Erkrankungsrisiken durch arbeitsbedingte psychische Belastung" sowie Rau (2017).

Tab. 8: *Zusammenstellung allgemeiner Beanspruchungsfolgen nach Zeitfaktor und Betrachtungsebenen. Die Aufzählung ist nicht abschließend, und es müssen jeweils auch nicht alle Beispiele eintreten (siehe Angerer et al. 2014 und darin zitierte Literatur).*

Ebene	Kurzfristig	Langfristig
Körperlich	Bluthochdruck, beschleunigter Herzschlag, Herzrasen und -stolpern, übermäßiges Schwitzen, Muskelverspannungen	Psychosomatische Erkrankungen, Magen-Darm-Erkrankungen, Tinnitus, Bluthochdruck und Herzinfarkt, Schwächung der Immunabwehr, Schlafstörungen, Kopfschmerzen, Rückenschmerzen
Seelisch	Gedächtnis- und Konzentrationsprobleme, Verlust der Übersicht	Depression, vermindertes Selbstwertgefühl, Versagensängste, Burnout, Resignation
Emotional	Ermüdung, Frustration, Nervosität, Unruhe, Angst, Angespanntheit, Gereiztheit	Geringere Arbeitsleistung und -zufriedenheit, passives Sozial- und Freizeitverhalten,
Verhaltensebene	Aggression, Wutausbrüche, negatives Gesundheitsverhalten	Nikotin-, Alkohol-, Tablettenmissbrauch (erhöhte Suchtgefährdung), Essstörung

Tab. 9: *Übersicht zu unseren derzeitigen Kenntnissen über Zusammenhänge zwischen konkreten psychischen Belastungsfaktoren und damit assoziierten Erkrankungen (nach Rau 2017; verändert und ohne die Faktoren für die durchgängig keine Analysen vorliegen).*

Belastungsfaktor	Herz-Kreis-lauf-Erkran-kungen	Typ-2-Dia-betes	Depression	Angst	Psychische Beeinträch-tigung
Fehlender Hand-lungsspielraum	Ja	–	Ja +	–	Ja
Arbeitszeit	–	–	–	–	Ja+
Überstunden	Ja	Hinweis	Hinweis +	–	–
Schichtarbeit	Ja	Hinweis +	–	–	–
Arbeitsintensität	Nein	–	Ja +	–	Ja
Arbeitsplatzunsicher-heit	Ja	–	–	–	Ja +
Fehlende soziale Unterstützung	Hinweis	–	Ja	–	Ja
Rollenstress/Rollen-unsicherheit	–	–	Ja	Ja +	–
Aggressives Verhalten Dritter	–	–	Ja +	Ja +	Ja +
Hohe Arbeitsinten-sität und geringer Handlungsspielraum	Ja +	Ja	Ja	Hinweis +	Ja
Arbeitsstress und geringe soziale Unterstützung	Hinweis +	–	Ja	Nein	–
Gratifikationskrise (siehe Kapitel 3.1)	Ja	–	Hinweis +	–	Ja

Legende:
Ja + = Guter Nachweis
Ja = ausreichender Nachweis
Hinweis + = guter Hinweis
Hinweis = erster Hinweis
Nein = kein Nachweis oder Hinweis
– = keine Analysen vorhanden.

2.3 Burnout

Im Jahre 1974 machte der deutsch-amerikanische Psychologe Herbert Freudenberger seltsame Beobachtungen: Menschen in helfenden Berufen zeigten ungewöhnliche psychische Auffälligkeiten. Sie klagten unter Energieverlust, reduzierter Leistungsfähigkeit, Gleichgültigkeit und fühlten sich ausgebrannt. Dieses Phänomen veröffentlichte er mit der Bezeichung „Staff Burn-out" – und eine neue psychische Problematik war geboren.

In den nachfolgenden Jahren wurden ähnliche Beobachtungen auch in anderen Berufsgruppen gemacht und das Phänomen des Burnouts drang nicht nur in das Bewusstsein der Psychologen und Ärzte, sondern auch in den Horizont der allgemeinen Bevölkerung. Was als ernste psychische Störung begann, mutierte leider schnell zu einer „Modeseuche" mit völlig abwegigen Vorstellungen und z. T. absonderlichen Ausformungen.

Das hat dem Problem nicht gut getan und sicher eine objektive Sicht auf die Burnout-Problematik zeitweise verdeckt. Wie auch immer die genaue Einstufung ist (siehe unten), ein voll ausgeformtes Burnout kann eine schwere Zäsur im Leben eines Menschen darstellen, erfordert häufig lange Behandlungszeiten und in nicht wenigen Fällen ist damit auch das Ende der beruflichen Karriere gekommen.

Infobox

Die DIN EN ISO 10075-1:2018-1 definiert das Burnout sehr abstrakt als

„Zustand wahrgenommener psychischer, emotionaler und/oder körperlicher Erschöpfung, distanzierter Einstellung gegenüber der eigenen Tätigkeit und einem wahrgenommenen verminderten Leistungspotential als Ergebnis einer anhaltenden Exposition gegenüber psychischer Belastung, die zu beeinträchtigenden kurzfristigen Auswirkungen führen."

Das wirkt sehr distanziert und technisch und beschreibt die Dramatik der Betroffenen nur sehr unzureichend.

Als Symptome sind für Burnout beschrieben:

- Emotionale Erschöpfung, Gefühl des Ausgebranntseins
- Desillusionierung
- Gleichgültigkeit/Resignation
- Antriebslosigkeit
- Unlust und Zynismus
- Apathie
- Psychosomatische Störungen: z. B. Schwitzen, Kopfschmerz, Schwindel, Schlaflosigkeit, Muskelschmerzen und Magen-Darm-Beschwerden.

Alle diese Symptome können aber auch bei anderen psychischen Problemen anzutreffen sein, was die Diagnose erschwert.

Dabei scheint es so zu sein, dass insbesondere beruflich stark engagierte Personen betroffen sind, die nicht die entsprechende Würdigung erhalten. Wenn dies durchgängig so ist, besteht eine starke Interaktion zwischen Persönlichkeitsmerkmalen und der Umgebung. Dies muss aber nicht nur der Beruf sein. Wie bei vielen anderen Erkrankungen ist die Zuschreibung eines einzigen Faktors für das Problem nicht angemessen. Es ist vielmehr davon auszugehen, dass auch hier eine multikausale Beziehung vorliegt, bei der das berufliche Umfeld eine sicher zwar wichtige, aber nicht die alleinige Rolle spielt.

Freudenberger und North (1992) haben in ihrem Buch über Burnout bei Frauen eine 12-stufige Eskalation beschrieben, wobei der Ausgangspunkt ein hoher Ehrgeiz ist.

Dieser Ehrgeiz führt zu einem starken Einsatz, verbunden mit hohen Anforderungen an sich selbst (siehe Abb. 7!), womit eine Negativspirale in Gang gesetzt wird, die zur Vernachlässigung eigener Bedürfnisse führt. Zusätzlich werden auch die Bedürfnisse Dritter (z. B. Kinder, Partner, Eltern, Freunde) übergangen. Letztendlich ergeben sich hieraus diverse Konflikte, die aber nicht aufgelöst, sondern verdrängt, „rationalisiert" (also mit Scheinerklärungen versehen) und geleugnet werden. Die Konsequenz ist dann häufig, dass sich die Betroffene aus dem Sozialleben zurückzieht und eine Orientierungslosigkeit eintritt. Sobald dieses Stadium erreicht ist, treten erste Verhaltensänderungen auf, wie emotionale Distanz zur Arbeit, Desinteresse, der berichtete Zynismus, Leistungsabfall u. a. Letztendlich kommt es zur Depersonalisation, inneren Leere und völligen Erschöpfung. Das Burnout ist voll ausgebildet.

Da das Buch sich spezifisch mit Frauen beschäftigt, bleibt unklar, ob hier eine universelle Symptomliste gegeben ist, oder ob männliches Burnout anders verläuft. Offensichtlich scheint es so zu sein, dass bestimmte biochemische Prozesse und Hirnaktivitäten bei den beiden Geschlechtern in der Burnout-Spirale unterschiedlich ablaufen und das vor allem die überhöhten Erwartungen, die dann bei Enttäuschung in diese Spirale führen, geschlechtsspezifisch differieren. Während Männer Leistungs-, Aufgaben- und individuell orientiert sein sollen, sind Frauen eher sozial, emotional und kollektiv orientiert. Die Enttäuschungen sind dann entsprechend anders gelagert: Beim Mann eher die Enttäuschung über die eigene Rolle und das individuelle Wahrgenommen-Werden, bei Frauen eher die nicht den Erwartungen entsprechende kollektiv-soziale Interaktionen. Dabei sollen Frauen eher eine emotionale Erschöpfung erleiden, Männer eher eine Depersonalisation (Lalouschek und Kainz 2008).

Andere Autoren sehen die Burnoutentwicklung als eine 4-Phasen-Eskalation, was im Gegensatz zu dem 12-stufigen Modell die Übersichtlichkeit deutlich erleichtert (Abb. 18) Da Burnout eine ganze Reihe von Symptomen zeigt (weshalb häufig auch von „Burnout-Syndrom" gesprochen wird), die dazu noch relativ unspezifisch sind, ist – wie bereits erwähnt – die Feststellung des Burnouts eine höchst komplexe und zu einem großen Teil nicht eindeutig zu klärende Aufgabe.

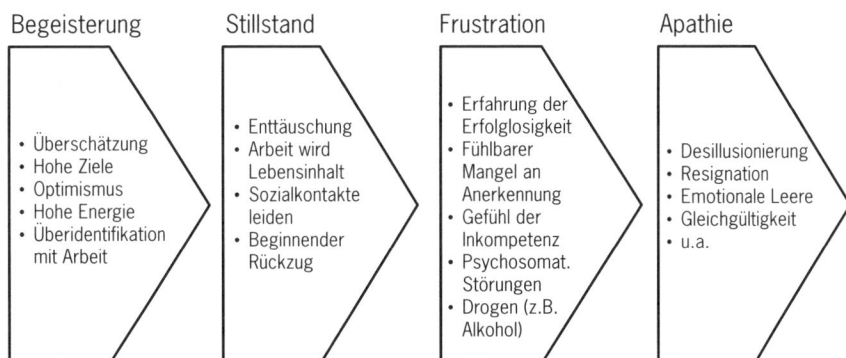

Abb. 18: *Die vier Phasen des Burnout. Nach Burisch 2006.*

Typischerweise werden dabei Fragebögen eingesetzt, die auf die Punkte oder – im Fachterminus – „Items" Erschöpfung, Distanziertheit und Berufliche Wirksamkeit abzielen. Das „klassische" Instrument ist dabei das Maslach Burnout Inventory (MBI) mit 22 Fragen, das 1981 von Christa Maslach und Susan Jackson in den USA entwickelt wurde.

Eine andere Mess-Skala ist der Tedium Measure (TM), der ebenfalls von Christa Maslach erarbeitet wurde, aber von der Fachwelt kritisch gesehen wird. Bei weitem die meisten Abschätzungen zu Burnout werden mit dem MBI ausgeführt.

Diese und andere ähnlich gelagerte Instrumente gehören aber nicht zur Gefährdungsbeurteilung. Es handelt sich um Diagnoseinstrumente, die vom Arzt oder Psychologen eingesetzt werden, um den Gesundheitszustand einer konkreten Person festzustellen. Im Rahmen der Gefährdungsbeurteilungen werden aber keine Einzeldiagnosen erstellt.

Nachzutragen bleibt noch, dass über den Status des Burnouts in der Fachwelt gestritten wird. Während die einen darin eine echte eigenständige Erkrankung sehen, tendieren viele Forscher dazu, Burnout als eine Vorstufe zu einer Depression wahrzunehmen. In dem Offiziellen Diagnoseschlüssel der ICD 10 jedenfalls kommt Burnout nicht als Krankheit vor, eine Kodierung erfolgt meist unter der Rubrik Z 73 „Probleme mit Bezug auf Schwierigkeiten bei der Lebensbewältigung", die den Begriff auch auflistet.

Geschuldet ist dies der unklaren Abgrenzung zwischen Burnout und anderen Erkrankungen oder psychischen Problemen. Es ist ein „randunscharfes Konstrukt", das dazu verleitet, auch andere Beschwerden darunter zu subsummieren, die eigentlich nicht dazu gehören. Die rasanten Steigerungen der Burnout-Krankschreibungen kann hier seine Ursache haben und muss durchaus nicht einer ebenso rasanten Verschlechterung der Arbeitsbedingungen geschuldet

sein (dies wäre ein „Attributierungsfehler"). „Probleme, die sich daraus ergeben, sind kausale Fehleinschätzungen, quantitativ oder qualitativ unzureichende Interventionen und Schwierigkeiten, Maßnahmen zu evaluieren"
(Schulte-Meßtorff 2015).

Trotz aller Schwierigkeiten muss Burnout aber weiterhin als besonders plaka-
tive Beanspruchungsfolge gesehen werden, die einerseits die Aufmerksamkeit
der Betriebsverantwortlichen erfordert, andererseits den betrieblichen Akteuren nur indirekte Einflussmöglichkeiten bietet. In der Schnittstelle zwischen
Arbeitsbedingungen und persönlichem Leiden hat insbesondere der Betriebsarzt hier eine hohe Verantwortung.

2.4 Signale als Frühindikatoren

Eine psychische Störung oder Erkrankung stellt sich nicht von jetzt auf gleich
ein, sondern ist ein ggf. langjähriger Prozess. Arbeitsbedingungen müssen in
der Regel über längere Zeit nicht den Bedürfnissen entsprechen, bis es zu
dramatischen Konsequenzen auf der Ebene der Arbeitnehmer kommt. Während dieser Entwicklungsphase werden aber die Arbeitnehmer Signale senden,
die als erste Indikatoren für möglicherweise unangebrachte psychische Belastungen gewertet werden können. Diese Signale sollten von allen Beteiligten,
also den Führungskräften, Betriebsräten, Arbeitsmedizinern und Fachkräften
für Arbeitssicherheit, aufmerksam wahrgenommen werden.

Liegen entsprechende Signale vor, heißt dies nicht automatisch, dass „psychisch" etwas nicht in Ordnung ist. Es sollte aber diskutiert, geprüft und ggf.
durch Gespräche eruiert werden, ob hier Probleme bei der Arbeitsgestaltung
auftreten, sich anbahnen oder bereits eingetreten sind. In vielen Fällen sind
diese Indikatorsignale der Auslöser für eine Gefährdungsbeurteilung psychischer Belastungen.

Infobox

Signale, die als Indikatoren für mögliche psychische Fehlbelastungen dienen
können, sind:

— Nachlassende quantitative Arbeitsleistung der Mitarbeiter

— Nachlassende Qualität (Fehler, Falschausführungen etc.)

— Verändertes allgemeines Verhalten gegenüber Vorgesetzten und Kolleginn-
nen bzw. Kollegen

— Unmutsäußerungen zu den Arbeitsanforderungen bis hin zu direkten
Beschwerden

— Rückzug aus dem sozialen Gefüge

- Scheinbare geistige Abwesenheit, ungewöhnliche Schweigsamkeit
- Zynische Bemerkungen über/zu Kollegen oder z. B. über die Geschäftspolitik
- Scheinbar grundlose Auseinandersetzungen mit Kollegen/Kolleginnen
- Häufige Fehlzeiten
- Hinweise auf Rauschmittelkonsum (insb. Alkohol, Tabletten)
- U.a.

Die GDA weist letztendlich allen Beteiligten, insbesondere jedoch den Fachkräften für Arbeitssicherheit und den Betriebsärzten, eine sog. „Lotsenfunktion" zu. Im Rahmen dieser durch besondere Aufmerksamkeit gekennzeichneten Tätigkeit sollen diese oder ähnliche Signale wahrgenommen und ggf. durch entsprechendes Vorgehen beantwortet werden. Dies kann auch das Einzelgespräch im Rahmen der betriebsärztlichen Betreuung sein.

Nicht selten liegt aber den auffälligen Verhaltensänderungen von Mitarbeitern eine persönliche und nicht dem Arbeitsplatz geschuldete Problematik zugrunde. Da jedoch auch bei persönlichen Krisen, etwa Überschuldungen, Eheproblemen, Tod naher Angehöriger usw. Arbeitseinsatz und Arbeitsleistung sowie ggf. das Sozialklima leiden, sollte es im Interesse des Unternehmens liegen, auch hier Hilfestellung zu leisten. Viele Unternehmen bieten Sozialberatungen und „Employee Assistance Programme" (EAP) an, in denen berufliche wie private Krisen aufgearbeitet und praktische Lebenshilfen geleistet werden.

Typischerweise werden solche Programme weniger im Rahmen des normierten Arbeitsschutzes angeboten, sondern sind meistens im Rahmen des Betrieblichen Gesundheitsmanagement „aufgehängt". Hier liegt eine deutliche Schnittstelle vor, bei der die unterschiedlichen Professionen eng zusammenarbeiten müssen. Insbesondere dem Betriebsarzt kommt hier eine besondere „Scharnierfunktion" zu. Letztendlich sind aber auch die Betriebsräte und die direkten Vorgesetzten aufgerufen, der Lotsenfunktion nachzukommen. Dies ergibt sich sowohl aus dem Betriebsverfassungsgesetz, dem Arbeitssicherheitsgesetz und der allgemeinen Fürsorgepflicht der Arbeitgeber.

In vielen Fällen kann das rechtzeitige Wahrnehmen von ersten Anzeichen eine Eskalation und schwerere Probleme verhindern.

3. Modellvorstellungen zu psychischen Belastungen

Modelle spielen sowohl in der Wissenschaft als auch im Arbeitsschutz eine wichtige Rolle. Sie geben einen konzeptionellen Rahmen für weiteres Handeln und erklären andererseits auch Zusammenhänge, die wissenschaftlich erarbeitet wurden. Insofern haben Modelle sowohl einen rückschauend-erklärenden als auch einen vorhersagenden Aspekt. Daher ist es wichtig, wesentliche Modelle zu kennen. Nachfolgend werden vier spezifische Modelle zu Ursachen von psychischen Belastungen vorgestellt, sowie zwei übergreifende Modelle, in die die jeweiligen spezifischen Modelle eingebettet sind.

Betrachtet werden als spezifische Modelle:

1. Das Gratifikationskrisenmodell
2. Das Anforderungs-Kontroll-Modell
3. Das Modell der Verteilungsgerechtigkeit
4. Modelle zum Führungsverhalten.

Als übergreifende Betrachtungen sollen vorgestellt werden:

5. Das Biopsychosoziale Modell
6. Das Belastungs-Beanspruchungs-Modell.

3.1 Das Modell der Gratifikationskrisen

Dieses Modell stammt von Siegrist (1996) und wird auch als Effort-Reward-Imbalance oder kurz ERI bezeichnet. Der Grundgedanke ist relativ einfach:

Infobox

Das **Modell der Gratifikationskrisen** geht davon aus, dass psychische Belastungen dann vermieden werden, wenn die Aufwendungen (Effort) der Mitarbeiter und das, was sie dafür erhalten (Gratifikation, Reward) längerfristig mehr oder weniger im Gleichgewicht sind. Ist dies nicht gegeben, kommt es zu einem Ungleichgewicht (Imbalance), was als Gratifikationskrise bezeichnet wird. Psychische Beanspruchungsreaktionen sind zu erwarten.

Das Modell lässt sich leicht wieder mit einer Waage visualisieren (Abb. 19), denn wenn sich die Gewichte Aufwendungen und Gratifikationen entsprechen, ist die Waage im Gleichgewicht, wenn dagegen die Aufwendungen deutlich überwiegen, kommt es zum Ungleichgewicht, was Stress und damit auf Dauer negativ wirkende Belastungen erzeugt.

Aufwendung Belastung Effort:

Passiv:
• Zeitdruck
• Störungen
• Usw.
Aktiv:
• Engagement
• Lernbereitschaft
• Usw.

Gratifikation Reward:

• Anerkennung
• Lohn/Gehalt
• Karriere
• Entwicklungsmöglichkeiten
• Soziale Unterstützung
• Usw.

Abb. 19: *Gratifikationskrisen entstehen, wenn die Aufwendungen/Investitionen der Mitarbeiter nicht durch eine entsprechende Gratifikation ausgeglichen werden.*

Als Aufwendungen kann dabei alles angesehen werden, was der Mitarbeiter einbringt bzw. dem er ausgesetzt ist, z. B.

– Zeitdruck

– Verantwortung

– Engagement

– Lernbereitschaft

– Arbeitsleistung als solche

– Schlechte Sozial- und Führungsbedingungen

Auf der Gratifikationsseite steht dann alles, was der Mitarbeiter erhält, z. B.

– Anerkennung

– Lohn, Gehalt, Prämien usw.

– Aufstiegschancen

– Entwicklungsmöglichkeiten (z. B. Fortbildungen)

– Vertrauensgenuss

– Soziale Unterstützung durch Mitarbeiter u. Führungskräfte

Dabei hat sich gezeigt, dass Gratifikationskrisen entweder über eine bestimmte längere Zeit aufrechterhalten werden oder besonders stark ausgeprägt sein müssen, oder in einer Kombination beider Faktoren vorliegen müssen, um negative Beanspruchungsfolgen wie z. B. Herz-Kreislauf-Erkrankungen hervorzurufen. Kurzfristige und kleinere Unausgewogenheiten werden in der Regel durch andere Ressourcen ausgeglichen.

Wenig steuerbar wird der Effort-Reward-Austausch dann, wenn Mitarbeiter z. B. überhöhte Vorstellungen oder Erwartungen (oder überzogenes Engagement) einbringen, die auf der Gratifikationsseite aus systembedingten Gründen gar nicht erfüllbar sind. In diesen Fällen ergibt sich die Gratifikationskrise nicht aus dem Arbeitssystem, sondern aus nicht angemessenen Investitionen der Mitarbeiter. Hier müssen die Betriebsverantwortlichen die betroffenen Mitarbeiter beraten und darin unterstützen, realistische Vorstellungen zu entwickeln. Im optimalen Falle wird dies bereits im Einstellungsgespräch deutlich. Verantwortliche Personalpolitik und -auswahl kann als eine präventive Maßnahme gegen psychische Belastungen verstanden werden.

3.2 Anforderungs-Kontroll-Modell

Das zweite Modell ist das Anforderungs-Kontroll-Modell, das in seiner ursprünglichen Form auf Karasek (1979) zurückgeht. Im englischen Sprachraum ist es als Job-Demand-Control-Modell, aber auch als Job Strain Modell bekannt und wird auch häufig in der deutschen Literatur so benannt.

Karasek sieht das Zusammenwirken von zwei Variablen als wesentliche Grundlage für psychisch zuträgliche oder weniger zuträgliche Arbeit: Die Anforderungen durch die Arbeit und die Kontroll- bzw. Gestaltungsmöglichkeiten in der Arbeit. Je nach der Kombination beider Größen kann Arbeit langweilig und monoton, anregend und förderlich, überlastend und gefährdend sein.

Abb. 20 zeigt die Hauptkombinationen, wobei selbstverständlich zwischen den einzelnen Sektoren die Grenzen als fließend gedacht werden müssen. Im Prinzip sind vier Kombinationen möglich:

1. Geringe Anforderungen bei geringen Gestaltungsmöglichkeiten: Die Arbeit ist eher monoton, bietet wenig Abwechslung und geringe bis keine Entwicklungsmöglichkeiten. Monotonie ist die unmittelbare kurzfristige Beanspruchungsfolge. Meist sind dies einfache Routinetätigkeiten nach dem Typ „Fließbandarbeit". Die Arbeit ist durch die Arbeitnehmer im Wesentlichen aushaltbar, für viele aber auf Dauer nicht befriedigend.

2. Geringe Anforderungen bei guten Kontroll- und Gestaltungsmöglichkeiten: Diese Art von Arbeit bietet mehr als notwendig ist, stellt daher keine sonderlichen Probleme dar, mag aber auf Dauer zu Unterforderungen führen und dann ggf. nicht zu befriedigen.

3. Die Arbeit stellt hohe Anforderungen, bietet aber sowohl in der Art und Weise der zeitlichen Gestaltung als auch bei der Wahl der Mittel für das Vorgehen bei der Erledigung der Aufgaben gute Auswahl- und Gestaltungsmöglichkeiten. Dies wäre der theoretisch beste Fall mit hohem Identifikations- und Befriedigungspotenzial.

4. Besonders kritisch zu sehen ist, wenn die Arbeit zwar hohe Anforderungen stellt, aber praktisch nur sehr geringe Kontrollmöglichkeiten erlaubt, wenn die „Hände gebunden" sind. In diesen Fällen ist auf Dauer mit negativen gesundheitlichen Folgen, wie z. B. Herz-Kreislauf-Erkrankungen, Burnout usw. zu rechnen. Als Restriktionen bei der Kontrolle sind z. B. folgende Faktoren zu prüfen: Zeitdichte (ggf. auch Taktrhythmus), vorgeschriebenes Vorgehen bei der Abarbeitung der Aufgaben ohne Variationsmöglichkeiten (z. B. über Qualitätsmanagementleitlinien, Standard Operation Procedures), Störungen und Unterbrechungen als schwer ausgleichbare Störgrößen, fehlende Ressourcen in personeller wie materieller Hinsicht, nicht ausreichende Informationen usw.

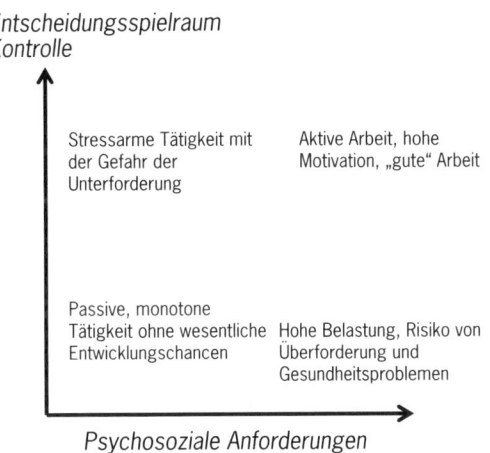

Abb. 20: *Günstig und weniger günstig gestaltete Arbeit hängt auch von dem Zusammenspiel zwischen psychosozialen Anforderungen und den jeweils notwendigen Entscheidungsspielräumen ab.*

Eine erweiterte Variante ist das Job-Control-Demand-Support-Modell. Es fügt als dritte Variable die soziale Unterstützung bei der Arbeit hinzu, mit der Implikation, dass auch nicht optimal gestaltete Arbeit durch ausreichende Unterstützung verbessert wird. Der beste Fall wäre dann hier eine Konstellation aus anspruchsvoller Aufgabe, weitgehenden Gestaltungsmöglichkeiten und hoher sozialer Unterstützung.

Modelle sind Modelle und nicht die Realität. Insofern geben die Eckpunkte des Anforderungs-Kontroll Models idealisierte Beschreibungen, die in der Realität selten in dieser Klarheit auftreten, es sind Mischformen zu erwarten. Außerdem darf nicht übersehen werden, dass es eine Passung („fit" oder „misfit") zwischen Arbeitnehmer und der Arbeit gibt, die ggf. mögliche Probleme relativiert. Daher spielt wieder die verantwortliche Personalauswahl eine wichtige Rolle. Nicht jeder ist geeignet, anspruchsvolle und gestaltbare Aufgaben auszuführen, z. B. weil er oder sie die Möglichkeiten gar nicht zu nutzen versteht. Auf der anderen Seite gibt es Arbeitnehmer, die mit eher monotonen Arbeiten sehr gut zurechtkommen. Häufig definieren sich diese über andere Faktoren als die Arbeit.

3.3 Modell der Verteilungsgerechtigkeit

Ein Unternehmen bietet einen weiten Fächer an Leistungen, materiellen Gütern, Informationen, Verfahren und Umgangsformen.

> Das **Modell der Verteilungsgerechtigkeit** geht dabei davon aus, dass negativ sich auswirkende psychische Belastungen dann entstehen, wenn Güter, Leistungen, Informationen u. a. nicht gerecht verteilt werden und Personen bzw. Personengruppen über das notwendige Maß unterschiedlich behandelt werden.

Dies trifft insbesondere auf die nachfolgenden vier Aspekte zu:

1. Verteilungsgerechtigkeit im engeren Sinne, also die Frage wie materielle und immaterielle Güter im Unternehmen verteilt werden. Dies betrifft auch die Lohngestaltung nach dem Leitprinzip „gleicher Lohn für gleiche Arbeit", aber auch andere Leistungen wie z. B. Sonderurlaube, Nutzung von Heimarbeit, Dienstfahrzeugen, Prämien etc.

2. Verfahrensgerechtigkeit. Wie werden Mitarbeiter in Verfahren miteinbezogen? Gelten alle Verfahren und Vorgehensweisen gleichmäßig für alle Zielgruppenangehörigen? Diese und weitere Fragen wären in diesem Zusammenhang zu prüfen.

3. Interpersonelle Gerechtigkeit meint die Gleichbehandlung aller Mitarbeiter unabhängig von Rang, Geschlecht, Rasse etc. und eine gleichmäßige Ansprache bzgl. der Wertschätzung, der Höflichkeit und anderer insbesondere zwischenmenschlicher Aspekte.

4. Informationale Gerechtigkeit betrachtet die Verteilung von Informationen zur Arbeitsgestaltung, zu notwendigem Wissen im Arbeitsprozess, zu Neuerungen, zur Personalgestaltung und letztendlich auch zur allgemeinen Geschäftspolitik.

Verteilungsgerechtigkeit bedeutet jedoch nicht unterschiedslose und wahllose Verteilung und „Gleichmacherei". Mitarbeiter haben schon einen Sinn dafür, dass Vorgesetzte mehr verdienen als sie, und dass die Geschäftsleitung mehr Informationen besitzt als sie preisgibt, ist auch verständlich. Ein Betrieb ist kein basisdemokratisches Kollektiv.

Es kommt vielmehr darauf an, dass innerhalb definierter Gruppen im Betrieb in dem gebotenen Umfang vollständige und gleichmäßige Verteilung stattfindet. Wenn eine Gruppe bestimmte Aufgaben erledigt, so ist z. B. auf eine mehr oder weniger gleichartige Bezahlung (z. B. Eingruppierung in Tarifgruppen) zu drängen. Die exakten Lohnsummen werden sich unterscheiden, aber der allgemeine Rahmen ist gerecht gezogen. Wenn Unterschiede bestehen (z. B. ein geringeres Gehalt für unerfahrene Berufsanfänger), so müssen diese begründbar sein und dann auch für alle Berufsanfänger gelten.

Gehalt ist aber bei weitem nicht der einzige Faktor, ja, in vielen Fällen sogar ein eher zweitrangiger. Bedeutsam sind auch Wertschätzung, fairer Umgang, die Bereitstellung wichtiger Informationen. Schieflagen in der Verteilungsgerechtigkeit können ein erstes Anzeichen von Mobbing sein, z. B. wenn eine Führungskraft systematisch von wichtigen Informationen und Handlungsoptionen ausgeschlossen wird. Eine gute Verteilungsgerechtigkeit ist daher ein wichtiges Mittel bei dem Bemühen, Arbeit gesundheitsgerecht zu gestalten.

3.4 Führungsstile

Führungsstile und die Facetten von konkretem Führungsverhalten sind eigentlich kein Modell im engeren Sinne, sondern eher eine Variable der betrieblichen Rahmenbedingungen. Die Aufnahme in das Kapitel „Modelle" erfolgte aber bewusst, da sie sich gut mit den anderen Modellen ergänzt. Die Führung ist es ja letztendlich, die Arbeit gestaltet, Verteilungsgerechtigkeit herstellen kann und für Gratifikationen im weitesten Sinne zuständig ist.

Nach der neuesten Gallup-Studie (Anonym 2017) halten sich 97 % aller Führungskräfte für gute Führungskräfte, weshalb wohl 2016 nur 40 % alle Führungskräfte Weiterbildungsmaßnahmen zu verbessertem Umgang mit den Mitarbeitern besucht haben. Dagegen erfuhren nur rund 20 % der Mitarbeiter motivierende Führung. Es herrscht offensichtlich eine Diskrepanz zwischen der Selbstwahrnehmung von Führungskräften und der Wahrnehmung geführter Mitarbeiter, die ggf. zu negativen psychischen Belastungen führt. Auf der anderen Seite erfuhren 66 % der Mitarbeiter, die eine hohe Bindung an das Unternehmen haben, positive Führung. Dies stellte für sie eine Ressource dar, die sich dann auch in der hohen Unternehmensbindung ausdrückte.

Infobox

Führung und Führungsstile können daher sowohl Belastungen als auch Ressourcen sein. Gute Führung entlastet Mitarbeiter und trägt einen hohen Beitrag zur sozialen Unterstützung bei, schlechte Führungsstile können sich aber als zusätzliche psychische Belastungen negativ auf Betriebsklima, soziales Miteinander und die Gesundheit des Einzelnen auswirken.

Es ist nicht ganz einfach, Führungsstile in Kurzform zu kennzeichnen, da es in der Wissenschaft verschiedene Ansätze und Theorien gibt, wie diese charakterisiert und beschrieben werden. Tabelle 10 gibt aber einen ersten, wenn auch unvollständigen Überblick zu wichtigen Führungsstilen. Grundsätzlich werden Führungsstile nach der Interaktion zwischen der Führungskraft und Mitarbeitern gekennzeichnet. So ist z. B. die autoritäre Führung durch einen anordnenden, befehlenden Charakter gekennzeichnet, bei der die Mitarbeiter eher geringe bis keine Einflussmöglichkeit haben.

Auf der anderen Seite steht dagegen, die dialogische Führung, die eine enge Beziehung zwischen Führungskraft und Mitarbeiter voraussetzt und sich an den Bedürfnissen, Möglichkeiten und Interessen der zu führenden Person sowie auch der Führungskraft orientiert. Sie ist eine besondere Form der sog. dyadischen (vom Griechischen: „Zweiheit") Führungsstile, die im Grundsatz der seit längerem bekannten LMX-Führung (**L**eader-**M**ember-**Ex**change) entspricht.

Zwischen diesen beiden Extremen sind dann die verschiedenen Stile und Verhalten angesiedelt, bei denen sich die Ausprägungen der einen und der anderen Seite mehr oder weniger stark vermischen.

Außerhalb dieses Systems steht dagegen die Laissez-faire-Führung oder auch „non-Leadership", d. h. das Gewährenlassen der Mitarbeiter ohne Anleitungen, Anreize, Unterstützung, Herausforderungen etc. Den zunächst positiv erscheinenden Folgen wie Handlungsfreiheit auf allen Ebenen stehen erhebliche negative Konsequenzen wie Orientierungslosigkeit, fehlende Unterstützung durch die Führungskraft und ggf. sich auflösende Sozialbeziehungen der Mitar-

Tab. 10: *Übersicht zu wichtigen Führungsstilen mit Kurzcharakteristiken (Nach Angaben in Angerer et al. 2014, Hentze et al. 2005 u. a.).*

Bezeichnung	Kurzcharakteristik
Laissez-faire-Führung	Führungsaufgaben werden nicht wahrgenommen, kein Eingreifen in Abläufe, minimale Kommunikation mit Mitarbeitern, fehlende Orientierung, Gefahr der Verselbstständigung von Prozessen, Verlust der Übersicht; Gilt als eher belastend in Hinblick auf die psychische Gesundheit.
Autoritäre Führung	Stringentes Führungsverhalten über Anordnungen, Direktionen usw. ohne Beachtung von Ressourcen. Häufig machtorientiert. Keine Orientierung an Mitarbeiterbedürfnissen und -möglichkeiten. Meist rein aufgabenorientiert. Schwächere Unterform: Patriarchalische Führung – ähnlich wie autoritär, aber durchaus mit Hinwendung zum Mitarbeiter, wenn dieser Loyalität signalisiert. „Väterlich, aber streng". Autoritäre Führung wird heute meist negativ bewertet, wobei patriarchalischer Führungsstil durchaus positive Seiten haben kann.
Transaktionale Führung	Führung erfolgt über Zielvermittlungen, Delegation von Verantwortung, Ergebnispräsentationen seitens der Mitarbeiter etc. Ist gekennzeichnet durch ein eher neutrales Austauschverhältnis („Transaktionen", daher der Name) von Leistung und Gratifikation (Anerkennung, Rückmeldung, ggf. auch materiell), meist ohne tieferen menschlichen Austausch, ggf. kritisch für Sozialbeziehungen innerhalb der Mitarbeiterschaft. Mit Blick auf psychische Gesundheit eher im ± neutralen Bereich.
Transformationale Führung	Führung durch Glaubwürdigkeit, Vorbildfunktionen, Schaffung von Vertrauensbasis, individuelle Unterstützung und Förderung von Mitarbeitern und Gruppen, hoher Austausch mit Mitarbeitern, Steigerung der Motivation durch Visionen usw. Es soll eine Transformation der Mitarbeiter weg von rein druck- und aufgabenorientierter Arbeit zu engagiertem Commitment auf Visionen erfolgen. Eher als psychische Ressource anzusehen.
Dyadische Führung	Beispiele: LMX-, duale Führung; im Wesentlichen ähnlich wie die transformationale Führung, aber durch einen höheren Grad an direktem Austausch Mitarbeiter-/Führungskraft gekennzeichnet, kann daher positive wie negative Seiten haben und es besteht die Gefahr von Sympathie-/Unsympathie-Verzerrungen, insgesamt tendenziell aber eher eine Ressource.

beiter untereinander entgegen. Insgesamt gilt Laissez-faire-Führung als eine eher stark belastende Führungsart.

Die groben Einschätzungen in tendenziell fördernde und tendenziell schwächende Führungsstile sind, wie gesagt, nur Tendenzen ohne Anspruch an eine universelle Gültigkeit. Die Sinnhaftigkeit eines Führungsstils hängt in nicht unerheblichem Maße von der Kultur eines Unternehmens, den Erwartungen der Mitarbeiter und der Art der Tätigkeit ab. Bei der Feuerwehr im Einsatz oder auf einem Seeschiff sind dyadische Führungsstrukturen nicht nur unüblich, sondern auch kontraproduktiv. Daher kann es auch zu einem Nebeneinander von zwei Führungsstilen kommen, etwa wenn sich die Arbeitssituationen deutlich unterscheiden, wie z. B. bei der Feuerwehr außerhalb und während eines Brandbekämpfungseinsatzes.

Es versteht sich von selbst, dass kaum eine Führungskraft den theoretischen Konstrukten in vollständiger Ausprägung entspricht, da sie natürlich Menschen mit Fehlern, Schwächen, Inhomogenitäten, Vorlieben und Abneigungen sind. Diese können sich gelegentlich gegen einzelne Personen richten, so dass manche Mitarbeiter unter einer Führungskraft leiden, während der Rest überhaupt keine Probleme hat. Systematisch ausgebaut und verallgemeinert werden kann dies jedoch zu sog. destruktiver Führung, die durch feindselig-aggressives Verhalten, Misstrauen, häufige, nicht begründbare Kontrollen, Vorenthalten von Informationen usw. gekennzeichnet ist. In nicht wenigen Fällen sind die Grenzen zwischen nicht angebrachter Führung und Mobbing fließend.

Grundsätzlich ist die Beurteilung von Führungspersönlichkeiten bzw. der Führungsstile und deren Rolle für die psychische Gesundheit oftmals sehr schwierig, da es nicht nur um einen abstrakten Stil geht, sondern um das Verhalten von konkreten Personen. Dabei kann die Hinterfragung der Führungsqualitäten im Rahmen einer Gefährdungsbeurteilung bei den Betroffenen zu persönlichen Verletzungen, Zorn- und Trotzreaktionen führen. Das Thema muss daher mit Umsicht und ggf. mit Unterstützung einer entsprechend ausgebildeten neutralen Person behandelt werden.

Zwischenbilanz

Die hier vorgestellten vier Modelle sind spezifische Modelle und beschreiben nicht die ganze Bandbreite möglicher Gründe für psychische Fehlbelastungen. Deshalb werden in konkreten Situationen mehrere Modelle gleichzeitig für die Diagnose herangezogen werden können bzw. müssen.

Die doch eher beschränkte Reichweite eines jeden Modells hat aber auch den Vorteil, dass sie nicht nur erklärend, sondern auch prädikativ, also vorhersagend sind. Wenn dies der Fall ist, so sind sie auch testbar. Letztendlich geht es dabei immer um die Frage, ob ein Modell nur qualitativ und in Analogien Zusammenhänge besser verstehbar macht, oder ob es tatsächlich die Realität abbildet.

In den letzten Jahrzehnten hat es diverse Studien zur Gültigkeit und zum prädikativen Werte der Modelle gegeben und diese bestätigt (siehe hierzu die Zusammenfassungen in Rothe et al. 2017 oder in Angerer et al. 2014).

So sind etwa Gratifikationskrisen mit negativer mentaler oder psychischer Gesundheit verbunden, ähnliches gilt für Gerechtigkeit mit kleinen bis mittleren Effekten. Organisationale Gerechtigkeit wirkt sich dagegen positiv auf die mentale Gesundheit (Arbeitszufriedenheit, Arbeitsfähigkeit) aus. Auch die positiven bzw. negativen Effekte von Führung konnten anhand von Studien aufgezeigt werden. Es handelt sich bei allen vier Modellen um evidenzbasierte Modelle, also solche, die durch wissenschaftliche Studien belegt sind. Es handelt sich nicht um einfache Erklärungsmodelle, sondern um abstrahierte Abbildungen der Realität.

Allerdings ist die Reichweite eines jeden Modells sehr beschränkt, sie geben keinen Überblick über alle Mechanismen, die psychische Fehlbelastungen zur Folge haben. Dies müssen übergreifende Modelle leisten, die dann ggf. bei der sich einstellenden Komplexität allerdings nicht mehr direkt testbar sind.

3.5 Das Biopsychosoziale Modell

Infobox

Krankheiten bzw. negative Gesundheitsauswirkungen entstehen nach moderner Auffassung nicht mehr als eindimensionale Reaktion auf eine Einwirkung oder aufgrund einer singulären Ursache, sondern sind das Ergebnis des Zusammenwirkens mehrerer Faktoren, unter denen der eigentlich „theoretische" Krankheitsauslöser nur einer ist.

Eines dieser Modelle ist das Biopsychosoziale Modell (Engel 1977), das auch für psychische Beanspruchungsfolgen anwendbar ist (Abb. 21). Die Art und Weise, die Stärke und ob überhaupt ein Effekt eintritt, hängt danach von dem Zusammenspiel des Körpers, der Psyche und der sozialen Bedingungen ab.

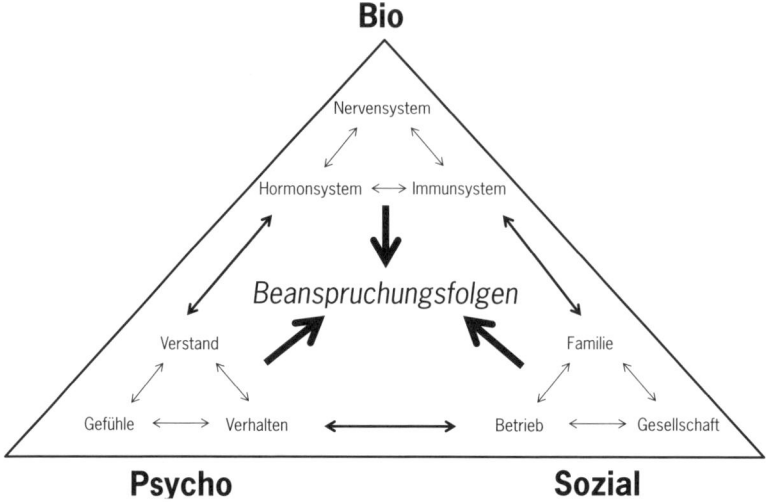

Abb. 21: *Biopsychosoziales Modell zu Entstehung psychischer Beanspruchungsfolgen. Nach Kretzschmar und Kretzschmar 2015 (verändert).*

Die Frage, wie psychische Belastungen durch das Individuum beantwortet werden, sind dementsprechend zwar im Prinzip biologisch determiniert, hängen in Form und Ausmaß letztendlich aber auch von den psychischen Ressourcen ab. Diese wiederum sind nicht die Eigenschaften eines „isolierten", sondern eines sozialen Wesens Mensch. Familie, Ausbildung und Erziehung, berufliche Stellung u. a. Faktoren tragen mit zur psychischen Ausstattung, zur Empfindlichkeit oder Robustheit bei. Sie unterstützen bei der Ausbildung von Bewältigungsstrategien, der Einstellung zu Problemen, dem Selbstwertgefühl, der Resonanz mit der Umwelt im Allgemeinen. Psychische Einstellungen und Verfasstheiten wirken aber auch auf biologisch-körperliche Reaktionen zurück, wie es ja aus der Psychosomatik bekannt ist und z. B. im Placebo- oder Nocebo[1]-Effekt plakativ sichtbar wird.

Alle drei Faktorengruppen interagieren miteinander und bedingen sich zumindest teilweise gegenseitig und es wird vor diesem Modell verständlich, warum z. B. der Anteil depressiver Symptomatik in Bevölkerungsteilen mit niedrigen Sozialstatus deutlich höher ist als in solchen mit hohem Sozialstatus (Lampert et al. 2013).

Das Modell kann auch dazu beitragen, zu verstehen, warum massive Zusammenbrüche der staatlichen bzw. gesellschaftlichen Ordnung, wie sie

---

1   Nocebo-Effekte treten auf, wenn aufgrund angenommener Einwirkungen körperliche oder seelische Reaktionen wahrgenommen werden, obwohl objektiv gar keine Einwirkungen vorliegen.

z. B. der zweite Weltkrieg darstellte, über Generationen hinweg psychische Probleme bedingt (z. B. Jachertz & Jachertz 2013).

Auch für den betrieblichen Kontext gelten diese Zusammenhänge, sofern das Unternehmen als eine gesellschaftliche Rahmenbedingung verstanden wird, was sicher als zutreffend zu bezeichnen ist.

Der Vorteil im Allgemeinen wird aber zum Nachteil im Speziellen: Aufgrund seines weiten Horizonts sind die in das Modell einfließenden Variablen derartig vielgestaltig und zahlreich, dass es für konkrete Einzelfallbetrachtungen weniger geeignet ist. Gerade die Rückkopplungen mit Familie, betrieblichen und gesellschaftlichen Strukturen und Einflüssen sind meist nicht im Fokus von Arbeitsschützern, die internen biologischen Prozesse aber wieder in der täglichen Arbeit kaum bestimmbar. Es ist schwer, das Modell an der Einzelsituation festzumachen. Dies gelingt besser mit dem nachfolgenden Belastungs-Beanspruchungs-Modell, das aber als „Ausschnitt" bzw. Konkretisierung des abstrakteren und übergreifenderen Biopsychosozialen Modells mit reduzierten Parametern verstanden werden darf.

3.6 Das Belastungs-Beanspruchungs-Modell (BBM)

Dem BBM sind wir bereits im ersten Kapitel in einer „rohen" und undifferenzierten Form begegnet (Abb. 1), und im Kapitel über Beanspruchungsfolgen hat es eine erste Ausdifferenzierung erfahren (Abb. 17). Nun müssen wir es in allen Feinheiten betrachten (Abb. 22), denn es ist *das* Standardmodell im Arbeitsschutz und lässt sich sowohl auf körperliche (siehe z. B. Schneider 2017) als auch auf psychische Belastungen anwenden.

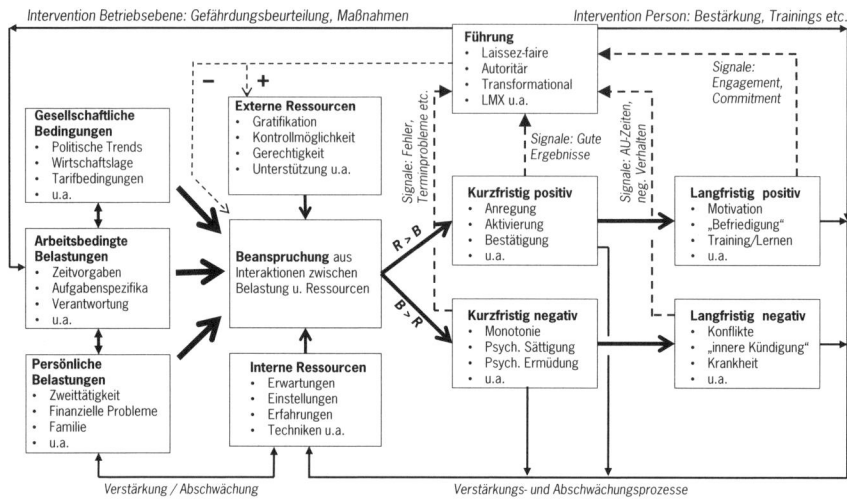

Abb. 22: *Voll entwickeltes Belastungs-Beanspruchungs-Modell für psychische Belastungen. Nach Schneider (2015a), etwas vereinfacht. Details siehe Text.*

> Das BBM fasst positive wie negative Beanspruchungsfolgen als das Ergebnis von Differenzen zwischen durch Belastungen erzeugten Beanspruchungsreaktionen und diese Reaktionen modulierenden Ressourcenverfügbarkeiten auf.

Auf den ersten Blick wirkt es sehr verwirrend, aber die nachfolgenden Erläuterungen werden sicher das Verständnis erleichtern.

Auf der Eingangsseite links stehen in der Mitte natürlich die arbeitsbedingten psychischen Belastungen. Diese sind aber nicht isoliert zu betrachten, sondern auch von gesellschaftlichen/wirtschaftlichen und familiär/privaten Einwirkungen abhängig. Alle drei Ebenen interagieren miteinander und machen – wenn man so will – den Belastungsrucksack des Einzelnen aus. Diese Dreiheit entspringt dem Dreiebenenmodell nach Windemuth et al. (2013), deckt sich aber auch mit dem Grundgedanken des Biopsychosozialen Modells.

Die Belastungen werden im Körper durch eine Beanspruchungsreaktion beantwortet, die sowohl psychische als auch körperliche Aspekte umfasst. Die Art und Weise der Beanspruchung hängt aber auch von den vorhandenen Ressourcen ab. Dabei sind – wie bereits bekannt – externe Ressourcen z. B. solche, die durch gut gestaltete Arbeit bereitgestellt werden: ausreichende Gratifikation, Gestaltungsmöglichkeiten, Verteilungsgerechtigkeit, soziale Unterstützung u. a. Das gilt auch für die internen Ressourcen, also solche, die in der arbeitenden Person liegen, wie z. B. Einstellungen, Erwartungen und

Erfahrungen, aber auch das Beherrschen von für die Arbeitsaufgabe wichtigen Techniken oder Instrumenten.

Komplexer ist die Situation bei der Führung, diese kann sowohl als externe Ressource, aber auch z. B. bei destruktiver Führung oder Laissez-faire-Führung als zusätzliche Belastung wirken. Deswegen zeigt das Modell hier die zwei gestrichelt dargestellten Alternativen.

Was sich als Interaktion zwischen den Belastungen und Ressourcen innerhalb der Person vollzieht, wird in dem Modell als „Black-Box" betrachtet: Wir ermitteln die Input-Größen und die sich einstellenden Output-Äußerungen in Form von wahrnehmbaren Beanspruchungsreaktionen, ermitteln aber nicht, was exakt im Individuum passiert.

Je nach Art der Interaktionen und mit der etwas vereinfachten Bedingung, dass entweder die Ressourcen die Belastungen ausgleichen/überwiegen oder umgekehrt (R > B oder B > R), werden sich kurzfristig positive oder negative Beanspruchungsfolgen einstellen. Sollten die jeweiligen Bedingungen längerfristig andauern, manifestieren sich die früher beschriebenen Langzeitfolgen.

Das ganze System ist dabei von Rückkopplungsmechanismen und „Botschaften" durchzogen. Zunächst sind natürlich die bereits besprochenen Signale oder Frühindikatoren zu erwähnen, die von den Mitarbeitern gesendet werden und die durch Verantwortliche und „Lotsen" wahrgenommen werden müssen. Letztendlich ist es Aufgabe der Führung, diese Signale, egal, ob selbst wahrgenommen oder durch „Lotsen" vermittelt, ggf. mit entsprechenden Interventionen (siehe Pfeile ganz oben in Abb. 22) zu beantworten. Dies kann die Gefährdungsbeurteilung sein, mit dem Ziel, Belastungen zu optimieren, es können aber auch personenbezogene Unterstützungsmaßnahmen sein.

Außerdem kommt es zu Rückkopplungen bzw. Bestärkungs- oder Abschwächungsfunktionen. Positive oder mindestens neutrale Beanspruchungsfolgen sind geeignet, den Fundus interner Ressourcen zu vergrößern, während negative Folgen möglicherweise zu einem Abbau dieser Ressourcen führen können. Allerdings können auch komplexere Wirkungsweisen möglich sein, indem zunächst negative Erfahrungen mittelfristig positive Folgen haben können, wenn eine entsprechende Unterstützung gewährt wird. In vielen Fällen bringen uns Niederlagen eher weiter als Erfolge. Wie genau solche Wechselwirkungen aussehen, kann nicht allgemein gesagt werden, das BBM kann hier nur Andeutungen machen und diesen Punkt als „Merkposten" indizieren.

Abschließend sei noch auf ein Modell hingewiesen, das weniger im Arbeitsschutz als vielmehr im Rahmen des Betrieblichen Gesundheitsmanagements Anwendung findet. Es handelt sich um das **Salutogenetische Model**, das in den 70er Jahren des vorigen Jahrhunderts von Aaron Antonovsky entwickelt wurde (siehe z. B. Antonovsky 1997, Bengel et al. 2001). Ähnlich dem Bio-psychosozialen Modell wurde das Salutogenetische Modell als Kritik auf eine sehr monokausal bzw. in Teilen reduktionistisch-naturwissenschaftliche Medizin entwickelt, die soziale Rahmenbedingungen und individuelle Differenzen nicht hinreichend berücksichtigte.

Das Neue und Interessante an dem Modell ist, dass Gesundheit und Krankheit nicht als alternative Gesamtzustände begriffen werden, sondern als ein Kontinuum, das auch Zwischenzustände zulässt, wobei Krankheit sich vornehmlich als eine Beschreibung eng umrissener Ausschnitte eines Menschen darstellt. Sehr vereinfacht: Man kann eine kranke Leber haben, während Herz und Nieren gesund sind. Ist jetzt der Mensch krank? Nieren, Herz und alle anderen Organe einschließlich der Psyche erfreuen sich doch bester Gesundheit.

Antonovsky ließ sich bei der Modellentwicklung vor allem von der Frage leiten, wie denn Gesundheit des Einzelnen begriffen, erreicht und gesichert werden kann. Er wollte damit die Gesundheitsentstehung, die Salutogenese, und nicht die Krankheitsentstehung, die Pathogenese, in den Vordergrund stellen. In vielerlei Hinsicht ähnelt das Salutogenetische Modell dem BBM, dies insbesondere dort, wo interne Ressourcen in Anschlag gebracht werden, denn diese entscheiden über den Ausgang von Belastungen bzw. der Wirkung von Stressoren (Begrifflichkeit des Salutogenetischen Modells) und der damit verbunden Krank-Gesund-Auswirkung.

Im Salutogenetischen Modell spielt dabei vor allem der Begriff des „Kohärenzgefühls" eine wichtige Rolle. Dies umschreibt eine auf individuellen Begebenheiten und Erfahrungen basierende Zuversicht, dass die Anforderungen des Lebens vorhersagbar und erklärbar sind, eigene Ressourcen verfügbar sind, um Herausforderungen zu meistern, und dass diese Herausforderungen auch ein Engagement und Initiative verdienen.

Sollten also in Abb. 22 die internen Ressourcen näher spezifiziert werden, würde es sich anbieten, hier das Salutogenetische Modell zu unterlegen. Die Rückwirkungen von bestandenen oder auch nicht bestandenen Belastungen/Stressoren auf die interne Ressourcen bzw. das Kohärenzgefühl sind dagegen in beiden Modellen recht ähnlich. Die größten Unterschiede bestehen jedoch in der Anwendung. Während das Salutogenetische Modell zunächst den einzelnen Menschen in den Vordergrund stellt und daraus Ableitungen für eine Systemgestaltung macht, ist das BBM in erster Linie eine Systembetrachtung, der allgemeine, kollektiv wirkende arbeitswissenschaftliche Erkenntnisse zugrunde liegen. Es ist erst in zweiter Linie ein Modell für individuelle Betrachtungen.

Das Betriebliche Gesundheitsmanagement hat einen wesentlichen Fokus auf die Stärkung der Gesundheitsressourcen des Einzelnen, der Arbeitsschutz konzentriert sich dagegen auf die Systemgestaltung und die Stärkung der Gesundheitswirkung durch das Arbeitssystem. Beide Herangehensweisen und Modelle ergänzen sich daher ohne Probleme.

4. Exkurs: Historische Betrachtungen

Psychische Belastungen bei der Arbeit sind offensichtlich und letztendlich wegen ihrer psychosozialen und biologischen Grundlagen so alt wie die Menschheit. Bereits um 2000 vor Chr. werden in der altägyptischen Lehre des Cheti die Unterschiede zwischen den Berufen deutlich gemacht und psychische Belastungskomponenten genannt.

So heißt es z. B. über den Landmann:

> *„Ihm geht es so gut, wie es einem unter Löwen gut geht, wenn die Nilpferdpeitsche ihm Schmerzen zufügt, denn das ihm auferlegte Arbeitssoll hat man verdreifacht. Kommt er dann endlich los und gelangt am Abend traurig nach Hause, dann hat ihn die Anlieferungspflicht zerbrochen.“*

Nicht viel anders ergeht es dem Weber, denn *„wenn er einmal einen Tag vertrödelt, ohne zu weben, dann bekommt er 50 Schläge mit der Lederpeitsche. Er muss dem Türhüter Lebensmittel geben, damit er ihn noch bei Tageslicht hinauslässt.“*

Und als letztes Beispiel der Wäscher:

> *„Er weint, wenn er den ganzen Tag die Wäschekeule handhabt und der Stein bei ihm ist. Man ruft ihm zu „Schmutzige Wäsche! Komm schnell her, es quillt schon über den Rand!“*

Die Beschreibungen zeigen sehr deutlich körperliche Härten, überlange Arbeitszeiten, Gewalterfahrungen, zeitliche Drucksituationen und Mängel in der (Verteilungs-)Gerechtigkeit an, denn wer Lebensmittel abgeben kann, darf früher nach Hause.

Dagegen steht das Los des Schreibers, der in heutiger Einordnung als Beamter verstanden werden darf:

> *„Er verwendet seinen Verstand für einen anderen und geht er dann nicht zufrieden nach Hause?“ (alle Texte aus Brunner 1991)*

Die alten Ägypter besaßen also schon ein ausgeprägtes Bewusstsein für gute und weniger gute Arbeit, wobei auch emotionale Beanspruchungsfolgen („zerbrochen“, „weint“, „zufrieden“) ursächlich mit der Arbeit verknüpft gesehen werden. Zu beachten ist dabei, dass auch die positive Seite der Arbeit erwähnt wird und nicht ein einseitiges Klagelied geführt wird. Bereits in dieser frühen Phase wird fein differenziert und Arbeit als nicht grundsätzlich etwas Negatives angesehen. Alles in allem ist der Text zwar ein Loblied auf den Schreiberberuf und es sind daher die anderen Tätigkeiten vielleicht überzeichnet dargestellt, aber letztendlich dürfte er dennoch im Kern die Realitäten abbilden, denn sonst hätte sich der Verfasser unglaubwürdig gemacht – was auch sein Lob auf den Schreiber beträfe.

Die Verbindung von Arbeit und Psyche wird im 5. Jh. v. Chr. auch von Xenophon in seiner *Oikonomia* thematisiert, wobei auch Dimensionen sozialer Isolation zur Sprache kommen:

> *„... die sogenannten Handwerke sind verrufen und mit Recht in den Städten verachtet, denn sie schaden dem Körper der Arbeiter und der Aufseher, indem sie zum Sitzen und Stubenhocken, und einige sogar den ganzen Tag am Feuer sich aufzuhalten nöthigen. Wird aber der Körper verweichlicht, so wird auch die Seele um Vieles kraftloser. Auch verstatten die sogenannten Handwerke sehr wenig freie Zeit, sich um Freunde und den Staat zu bekümmern, so dass solche Leute für schlechte Freunde und Vertheidiger des Vaterlandes gehalten werden."* (aus: Christian, 1828)

Solche Stimmen sind zugegebenermaßen selten, da insbesondere niedrige Arbeiten meist von Sklaven verrichtet wurden, die keiner besonderen Erwähnung wert waren. Das gilt in ähnlicher Weise für die Bauern, Hirten usw., die in grundlegender Weise zum Gemeinwohl beitragen. Wir finden darüber in alten Schriften nichts (jedenfalls hat der Autor nichts gefunden), wohl aber viel über Staatsmänner, Philosophen und andere Professionen ohne wesentlichen Beitrag zur Produktion von Nahrungsmitteln oder Gütern.

Insbesondere die Landwirtschaft stellt einen „weißen Fleck" auf der Landkarte von Beschreibungen psychischer Komponenten im Zusammenhang mit ihrer Arbeit dar. Dabei waren bis zum Beginn der Neuzeit i. d. R. mehr als 90 % der Bevölkerung in der Landwirtschaft, selbst 1850 arbeiteten noch über 80 % der Menschen in Deutschland im bäuerlichen Umfeld. Die damit einhergehenden psychischen Belastungen sind völlig andere als in den meisten Wirtschaftsbereichen, aber dennoch fassbar: Sorge um die Ernte, das Wetter, Schädlinge, die Preise, aber auch die Notwendigkeit zu langen Arbeitszeiten, das Ineinanderfließen von Arbeitszeit und Freizeit u. a.

Die heutigen Sorgen um die „Entgrenzung" wird in der Regel einem Bauer ein müdes Lächeln abringen. Allerdings weniger durch das Handy als vielmehr durch Krankheiten, Geburten, Wildschweinüberfall auf die Felder und andere unvorhersehbare Vorfälle, die sich nicht sauber an Arbeitszeiten halten. Ähnliches könnten Seeleute, Waldarbeiter, Handwerker usw. berichten, denn die Begrenzung von Arbeit und eine klare Trennung der Lebenssphären ist im Wesentlichen eine Errungenschaft des Industriezeitalters.

In der Antike und im Mittelalter kamen bei den Bauen dazu noch Willkür der weltlichen und geistlichen Fürsten, Leibeigenschaft, hohe Abgabepflichten, Zerstörung von Saat und Korn durch Kriegshandlungen oder auch mal durch eine Jagd des Fürsten, der sich nun wirklich nicht um die in Frucht stehenden Erträge seiner Untertanen kümmerte, wenn sich das Wild auf die Felder rettete. *„Was hilfts, wenn der Acker eines Bauern soviel Gulden wie Halme und Körner trüge, die Obrigkeit aber desto mehr nimmt. Ihren Luxus immer größer macht und das Gut verschleudert mit Kleidern, Fressen, Saufen, Bauen und dergleichen, als wäre es Spreu.“* So wettert Martin Luther 1524 am Vorabend der Bauernkriege. Überlebens- und Existenzängste spielten und spielen auch heute noch (Stichwort Milchpreisverfall) eine wichtige Rolle im Leben des Landmanns.

Einen interessanten Aspekt liefert die bekannte, aber verkürzte Mönchsregel „ora et labora“ aus dem Mittelalter, die in voller Länge „ora et labora et lege, deus adest sine mora“ heißt: „Bete, arbeite und lese (und) Gott ist unverzüglich da“. Diese Regel ist, was den Kontext des Textes betrifft, aber kein Aufruf zur oder Loblied auf die Arbeit, sondern eine (in diesem Falle christliche) Lebensmaxime. Es geht dabei um eine sinnvolle Aufteilung zwischen den Lebensbereichen Arbeit, intellektuelle Herausforderung und spirituelle Erneuerung und daher einem zeitweise Zurückziehen aus der hektischen Welt der Arbeit und „Wiedererschaffung“ (Rekreation) des richtigen Zustands.

Arbeit, so die Regel, ist notwendiger Grundbestandteil des Lebens. Aber eben nicht allein, der andere Teil ist im weitesten Sinne „Erholung“, also Einholung dessen, was fehlt. Spirituelle Erneuerung und Sinnsuche sind aber auch in unserer Zeit Grundbedürfnisse des Menschen, wie vielfältige Angebote verschiedener Gruppen und Institutionen beweisen. Ob man dabei zu sich selbst finden will, zu Gott oder zur Weisheit bleibt jedem selbst überlassen.

„Deus adest sine mora“ – Gott ist unverzüglich da. Hier vervollständigt sich der Mensch als Gottes Geschöpf in der sinnvollen Aufteilung des Lebens in Aktivität, Kontemplation und spirituelle Verwurzelung. Mit modernen Worten: Nicht die Arbeit soll das Leben beherrschen, sondern eine ausgewogene Work-Life-Balance – eine Problematik, die somit bereits im Mittelalter als erkannt gelten darf. Wenn wir heute weiter sehen, dann nur, weil wir auf den Schultern von Riesen stehen.

Deutlich greifbarer werden mit der Arbeit verbundene psychische Belastungen in unserem sehr kurzen Ritt durch die Geschichte im 19. Jahrhundert und hier besonders in der grandios-deprimierenden Beschreibung Friedrich Engels‘ über die Lage der arbeitenden Klasse in den Industriezentren Englands der 1830er und 1840er Jahre.

Studiert man den Bericht genau, lassen sich die folgenden psychischen Belastungsfaktoren (in moderner Terminologie) herausarbeiten (siehe auch Schneider 2013):

- Monotonie durch strenge Arbeitsteilung und einfache Aufgaben
- Psychische Sättigung aufgrund von Unterforderung
- Mangelnde Wertschätzung seitens der Vorgesetzten
- Fehlende Entscheidungs- und Mitwirkungsmöglichkeiten
- Hohe Arbeitsplatzunsicherheit
- Eingeschränkter bis nicht vorhandener sozialer Austausch
- Einseitige körperliche Überlastung (Übermüdung, dauerndes Stehen)
- Hohe Unfall- und Lebensgefahr
- Konkurrenzdruck mit Arbeitsplatzbewerbern
- Sexuelle Übergriffe, sexuelle Belästigungen
- Unzureichende Gratifikation sowohl materiell als auch geistig-seelisch.

Dazu kommt ein steigender Druck durch die Uhr. Dabei begann es ganz langsam: Zunächst gab es in Mitteleuropa nur Sonnen- oder (selten) Wasseruhren. Wenn die Sonne nicht schien, gab es halt keine Zeit. Dann folgten im Mittelalter die Kirchturmuhren, die in der Anfangsphase nur einen Stundenzeiger hatten, im späten Mittelalter kamen die Minutenzeiger dazu, dann die ersten transportablen Uhren und Taschenuhren usw. In eben jenem Maße nahm auch die Zeitverfügbarkeit an Bedeutung zu, denn Form und Genauigkeit der Uhren befriedigen die jeweiligen Zeiterfordernisse des Menschen.

Der Zeitdruck nahm Fahrt auf und wurde bereits im 19. Jahrhundert als unnatürlich empfunden. W. G. Greg schreibt 1877 (zitiert nach Rosa 2005):

„Ohne Zweifel ist das hervorstechendste Merkmal des Lebensdie Schnelligkeit – die Eile, die es erfüllt, die Geschwindigkeit, mit der wir uns bewegen, der hohe Druck, unter dem wir arbeiten –, und es gilt erstens die Frage zu bedenken, ob diese hohe Geschwindigkeit an sich etwas Gutes ist, und zweitens die Frage, ob sie den Preis wert ist, den wir für sie bezahlen."

Die Bedeutung dessen, was wir heute psychische Gesundheit nennen, wurde allerdings bereits deutlich früher wahrgenommen und in Taten und Worte gegossen. Robert Owen – Erfinder des Begriffs „Sozialismus", erfolgreicher Unternehmer und Philanthrop – schreibt Anfang des 19. Jh. zu den Problemen der Fabrikarbeiter:

„Um die Gesundheit auf Dauer zu erhalten, muss auch der Gemütszustand in Betracht gezogen werden", und er fordert „dass es einem jedem möglich wird, unter äußeren Umständen zu leben, welche die größtmögliche Zahl an angenehmen Gefühlen in einem längstmöglichen Leben hervorrufen."

Ein einsamer Rufer in der Wüste – aber ein konsequenter, denn seine Fabriken umgab er mit sauberen, frischluftumwehten und lichtdurchfluteten Mustersiedlungen und führte Jahrzehnte vor allen anderen verkürzte Arbeitszeiten ein. Wirtschaftlichen Erfolg hatte er trotzdem und seine Gartenstadt New Lanark, ca. 40 km südöstlich von Glasgow, ist heute UNESCO Weltkulturerbe – damit niemand sagen kann, sie hatten es nicht wissen können.

Anfang des 20. Jahrhunderts bricht sich eine neue Produktionsweise Bahn, die in ihren allgemeinen Grundzügen bis weit über die Mitte des 20. Jahrhunderts beherrschend werden sollte: Der Taylorismus.

Im Vordergrund dieses Produktionstyps steht die Analyse von Arbeitsvorgängen, die im Sinne einer Optimierung in kleinste Prozessabschnitte zerlegt und dann extrem arbeitsteilig erledigt werden. Der Mensch wurde stringent als Produktionsfaktor begriffen, dessen Tätigkeiten im Betrieb häufig auf kleinste Arbeitsschritte reduziert wurde. Zur Steigerung der Produktion wurden dann leistungsbezogene Lohnsysteme entwickelt, die uns allen als Akkordlohn bekannt sind. Die Debatte um die Humanisierung der Arbeit Ende der 1960er/Anfang der 1970er Jahre ist ein Ergebnis dieses Produktionstyps.

In den Begrifflichkeiten heutiger Modelle zu psychischen Belastungen sind der Taylorismus, die Bandarbeit und ähnliche Produktionsweisen insbesondere durch Monotonie, eingeschränkten Entscheidungsspielraum, fehlender Aufgabenganzheitlichkeit und Zeitdruck gekennzeichnet. Insofern ähnelt die Produktionsweise sehr stark den Bedingungen der Frühindustrialisierung, allerdings unter doch deutlich verbesserten Rahmenbedingungen.

Ein weiterer wichtiger Unterschied ist, dass mit dem beginnenden 20. Jahrhundert die Psychologen die Arbeitswelt auch als ihr Tätigkeitsfeld begriffen. Im Jahre 1912 erschien das Buch „Psychologie und Wirtschaftsleben", mit dem Hugo Münsterberg erstmals psychologische Prinzipien auch auf die Wirtschaft bzw. den Arbeitsprozess anwandte.

Bereits in diesem ersten Ansatz werden Begriffe wie „Monotonie" erstmals angesprochen und in ihrer Komplexität diskutiert, denn Monotonieerleben wird schon hier nicht als objektive, quasi naturwissenschaftliche Größe aufgefasst, sondern entsteht aus der Subjekt-Objekt-Beziehung: *„Alles schien mir deshalb dafür zu sprechen, dass das Gefühl der Monotonie sehr viel weniger von der Art der Arbeit als von gewissen Dispositionen des Individuums abhängt."* Bis zur vollen Erkenntnis, dass Monotonie vornehmlich dem Arbeitsprozess und nicht dem Individuum angelastet werden kann, sollte es aber noch etwas dauern, auch wenn Monotonie sehr richtig als Subjekt-Objekt-Wechselwirkung erkannt wurde.

Nur wenige Jahre später entwickelt sich die „Psychotechnik" – zunächst als jede praktische Anwendung der Psychologie verstanden, schnell aber auf das

Wirtschaftsleben reduziert –, die ihre Aufgabe letztendlich in einer Analyse und Begleitung von Arbeitsvorgängen sah. Karl Münsterberg, Kurt Lewin und Willi Hellpach seien als Gründerväter der neuen Disziplin stellvertretend genannt. Hellpach darf dabei vielleicht als der Vater der „Aufgabenvollständigkeit" bezeichnet werden, denn 1922 schreibt er (zitiert nach Ulich 2011):

> *„Zu einer Aufgabe gehören eigene Planung, Entwurf, wo nicht Entwurf der Aufgabe, so doch Entwurf ihrer Lösung mit freier Wahl unter verschiedenen Möglichkeiten, Abwägung dieser Möglichkeiten, Entscheidung für eine und Verantwortungsübernahme für die Entscheidung ..."*

Ein sehr modern klingendes Konzept, das in seiner reinen Ausbildung in der Regel in der Praxis aufgrund verschiedener innerer und äußerer Zwänge nie umgesetzt werden kann, dennoch aber als anzustrebende Größe weiterhin in Geltung ist.

Die wesentlichen Eckpunkte psychischer Belastungen dürfen ab Mitte des 20. Jahrhunderts als bekannt vorausgesetzt werden. Immerhin thematisieren Heiss und Franke (1964) den Zusammenhang zwischen Arbeitsgestaltung, Leistungsanerkennung, Verteilungsgerechtigkeit, Gratifikation und individuelle Gestaltungsmöglichkeiten im Arbeitsprozess einerseits und dem Kranken- oder Gesundheitsstand andererseits. Psychische Belastungen im Kontext mit Arbeit hat es also immer gegeben, die Belastungsarten innerhalb einer Gesellschaft ändern sich jedoch mit der wirtschaftlichen Entwicklung und die drängendsten Probleme hängen von dem jeweils vorherrschenden Belastungsmix ab. Abb. 23 stellt die Entwicklung der wesentlichen Wirtschaftsfaktoren in den letzten knappen 140 Jahren in Deutschland dar.

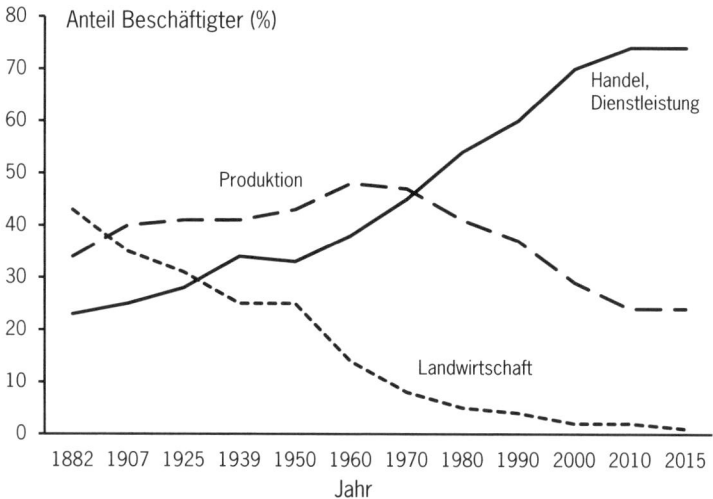

Abb. 23: *Veränderung der Wirtschaftsstruktur in Deutschland in den letzten rund 140 Jahren, dargestellt anhand der Beschäftigtenanteile in den Wirtschaftszweigen. Die in der Bevölkerung verbreiteten Belastungsformen als Belastungsmix sind abhängig von den Anteilen der einzelnen Wirtschaftszweige und den jeweils mit ihm assoziierten Belastungsspektren. Arbeit ist immer mit Belastungen verbunden, aber ihre Formen wechseln entlang historischer und wirtschaftlicher Prozesse. Daten nach dem Statistischen Bundesamt.*

Jedes der drei Gebiete ist mit einem eigenen Belastungsspektrum assoziiert und es wird klar, dass zu Ende des 19. Jahrhunderts in der Bevölkerung andere Belastungen verbreitet waren als am Beginn des 21. Jahrhunderts, und beide unterscheiden sich deutlich von den Belastungen im 13. Jahrhundert.

Darstellungen und Ergebnisse wie in Abb. 10 stellen somit lediglich eine Momentaufnahme dar, die sich im Rahmen einer Entwicklung herausgeformt haben und sich in der zukünftigen Entwicklung verändern werden. Psychische Belastungen als solche sind ursächlich mit Arbeit verbunden, ihre Formen sind aber wandelbar und hängen von der Art der Arbeit und des Wirtschaftslebens ab.

Teil III: Wandeln

Alle – sowohl Arbeitgeber als auch Arbeitnehmer – sind an gesunden, leistungsförderlichen und auch persönlich befriedigenden Arbeitsbedingungen interessiert. Nur so lassen sich nachhaltig wirtschaftlich erfolgreiche Unternehmen bei gleichzeitig nachhaltiger Gesunderhaltung der Mitarbeiter sicherstellen. Psychische Belastungen, die ggf. nicht geeignet sind, dieses Ziel zu unterstützen, müssen gewandelt werden. Wandel heißt nicht Minimierung und auch nicht Abschaffung, sondern Justierung in den förderlichen Bereichen (Abb. 24). Auftretende Belastungen müssen so umgewandelt werden, dass sie mögliche negative Auswirkungen nicht mehr entfalten können.

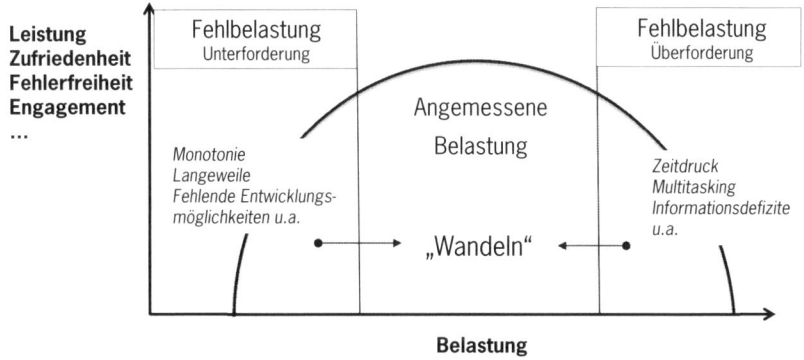

Abb. 24: *Psychische Gefährdungen sind zu minimieren. Dies erfolgt, indem die Belastungen so gewandelt werden, dass aus Fehlbelastungen angemessene Belastungen werden. Nicht Belastungen werden minimiert, sondern Gefährdungen. Belastungen werden „justiert".*

1. Gefährdungsbeurteilung: Eine Teamaufgabe

1.1 Gesetzliche Grundlagen und Akteure

Unangemessene und schädigende psychische Belastungen dürfen – wie bereits bemerkt – nicht einfach hingenommen werden. Dies verbieten bereits ethische Grundsätze, die im Laufe von Jahrhunderten in komplexen religiösen und philosophischen Diskussionen erarbeitet wurden. So erklärt Artikel 3 der Charta der Menschenrechte: „Jeder hat das Recht auf Leben, Freiheit und Sicherheit der Person." Dies beinhaltet auch die physische und psychische Unverletzlichkeit. Etwas expliziter ist dies in Art. 2 Abs. 2 des Grundgesetzes ausgedrückt: „Jeder hat das Recht auf Leben und körperliche Unversehrtheit", wobei dieses „körperlich" heute allgemein auch die Psyche mit einschließt.

Diese ganz allgemeinen Rechte begründen damit einen Anspruch, der für alle Lebensbereiche gilt, also auch für die Arbeit. Darum kann ein Arbeitnehmer seinen Arbeitgeber verklagen, wenn dieser z. B. keine Gefährdungsbeurteilung für seine Tätigkeit erstellt: Sein Grundrecht auf Unverletzlichkeit wird nicht gewährleistet (Urteil des Bundesarbeitsgerichts BAG 9 AZR 1117/06, 12. 8. 2008). Allerdings werden für die Umsetzung solcher allgemeinen Grundrechte oder Schutzvorschriften konkretisierende Gesetze benötigt, denn es ist ja zu klären, wer diesen Schutz in welcher Lebenslage gewährt und wie eine Umsetzung konkret aussehen soll.

Für den Bereich der Arbeit ist dies das Arbeitsschutzgesetz von 1996. Es ist die wesentliche Rechtsgrundlage für alle Bereiche des Arbeits- und Gesundheitsschutzes im Unternehmen.

Im § 1 Abs. 1 des Arbeitsschutzgesetzes wird dessen Aufgabe vorgestellt:

> **Arbeitsschutzgesetz (ArbSchG) – § 1 Zielsetzung und Anwendungsbereich Abs. 1**
>
> „Dieses Gesetz dient dazu, Sicherheit und Gesundheitsschutz der Beschäftigten bei der Arbeit durch Maßnahmen des Arbeitsschutzes zu sichern und zu verbessern. Es gilt in allen Tätigkeitsbereichen ..."

Dem folgt im § 4 Nr. 1 eine wichtige Gestaltungsregel, die zugleich eine Pflicht der Verantwortlichen ist:

> **Arbeitsschutzgesetz (ArbSchG) – § 4 Allgemeine Grundsätze Nr. 1**
>
> „Die Arbeit ist so zu gestalten, daß eine Gefährdung für das Leben sowie die physische und die psychische Gesundheit möglichst vermieden und die verbleibende Gefährdung möglichst gering gehalten wird."

Die Frage, wer Verantwortlicher ist, ergibt sich mit der Auflage von Handlungspflichten aus § 3 Abs. 1 ArbSchG:

> **Arbeitsschutzgesetz (ArbSchG) – § 3 Grundpflichten des Arbeitgebers Abs. 1:**
>
> „Der Arbeitgeber ist verpflichtet, die erforderlichen Maßnahmen des Arbeitsschutzes unter Berücksichtigung der Umstände zu treffen, die Sicherheit und Gesundheit der Beschäftigten bei der Arbeit beeinflussen. Er hat die Maßnahmen auf ihre Wirksamkeit zu überprüfen und erforderlichenfalls sich ändernden Gegebenheiten anzupassen. Dabei hat er eine Verbesserung von Sicherheit und Gesundheitsschutz der Beschäftigten anzustreben."

Damit aber der verantwortliche Arbeitgeber die richtigen Maßnahmen treffen kann, benötigt er ein spezifisches Erkenntnisinstrument, die Gefährdungsbeurteilung nach § 5 ArbSchG.

Arbeitsschutzgesetz (ArbSchG) – § 5 Beurteilung der Arbeitsbedingungen

(1) Der Arbeitgeber hat durch eine Beurteilung der für die Beschäftigten mit ihrer Arbeit verbundenen Gefährdung zu ermitteln, welche Maßnahmen des Arbeitsschutzes erforderlich sind.

(2) Der Arbeitgeber hat die Beurteilung je nach Art der Tätigkeiten vorzunehmen. Bei gleichartigen Arbeitsbedingungen ist die Beurteilung eines Arbeitsplatzes oder einer Tätigkeit ausreichend.

Damit sind im Grunde die wichtigsten Rechtspflichten des Arbeitgebers bereits ausreichend dargestellt: Gefährdende psychische Belastungen sollen möglichst vermieden bzw. auf ein Minimum zurückgedrängt werden. Dafür ist der Arbeitgeber verantwortlich, der auf der Basis einer Gefährdungsbeurteilung nach § 5 ArbSchG die Maßnahmen bestimmt, die diesem Ziel dienen und nach deren Umsetzung die Wirksamkeit nach § 3 ArbSchG regelmäßig kontrolliert.

In den meisten Fällen wird das Arbeitsschutzgesetz durch detailliertere Verordnungen ergänzt, wie dies z. B. mit der Arbeitsstättenverordnung, der Gefahrstoffverordnung, der Betriebssicherheitsverordnung u. a. der Fall ist. Diese fehlt für den Bereich der psychischen Belastungen, was je nach Standpunkt kritisiert oder gern gesehen wird. Wie auch immer, das Fehlen der Verordnung war aber zunächst ungünstig, da eine einheitliche Linie fehlte und ein weiter Interpretationsspielraum bzgl. der betroffenen Faktoren, Instrumente etc. bestand.

Glücklicherweise hat die Gemeinsame Deutsche Arbeitsschutzstrategie mit ihrer Empfehlung zur Umsetzung der Gefährdungsbeurteilung psychischer Belastungen hier eine Handlungshilfe gegeben, die – wie sie sich selbst ausdrückt – einen Korridor geschaffen hat, der weit genug ist, um in den Betrieben angepasst zu reagieren, aber andererseits das Thema auch begrenzt.

Entscheidend dabei ist die Konzentration auf die Tätigkeit und die psychischen *Belastungen*, wie nach § 5 ArbSchG klargestellt ist. Damit entfallen alle Überlegungen zu möglichen psychischen Erfassungen an Einzelpersonen sowie zu einer Beurteilung von Beanspruchungen. Im Vordergrund des Arbeitsschutzhandelns steht die belastungsoptimierte Gestaltung der Arbeitsprozesse bzw. der Tätigkeiten.

> Belastungsoptimiert heißt hier, dass es weder zu Über- noch zu Unterforderungen kommen soll, denn eine schlichte Minimierung der Belastungen kann sich in negativen Beanspruchungsfolgen bemerkbar machen.

Das Ziel muss daher sein, Arbeit so zu gestalten, dass sie Anreize bietet, Möglichkeiten der Entfaltung und Entwicklung bietet, Bewährungs- und Erfolgserlebnisse zulässt, dabei aber nicht überfordernd wirkt. Dass dieses Ziel nicht immer voll erreicht werden kann, liegt in der Natur der Sache und steht dem Streben nach immer besseren Arbeitsbedingungen nicht im Wege. Die primäre Handlungspflicht liegt also beim Arbeitgeber, aber diese muss und sollte er nicht alleine ausfüllen. Zwar müssen alle Fäden bei ihm zusammenlaufen, doch steht ihm Hilfe zu Seite.

> Dies sind in erster Linie die Fachkraft für Arbeitssicherheit und der Betriebsarzt, die jeder Arbeitgeber nach § 1 des Arbeitssicherheitsgesetzes (ASiG) zu bestellen hat. Sie unterstützen den Arbeitgeber in allen Fragen des Arbeits- und Gesundheitsschutzes und sind ihm – entgegen vieler Bestrebungen – als Stabsstelle zuzuordnen (siehe Urteil des Bundesarbeitsgerichts 9 AZR 769/08 vom 15. 12. 2009).

Den immer wieder zu beobachtenden Tendenzen (z. B. im Betriebsvereinbarungen), beide Professionen aus der Beurteilung psychischer Belastungen herauszuhalten, hat die GDA eine klare Absage erteilt. In den Qualifizierungsempfehlungen für betriebliche Akteure sind nicht nur zu wissende Fachinhalte aufgeführt, sondern auch Rollen definiert. Für beide Fachrichtungen ist ein umfassender Rollenkatalog und Beratungsauftrag in Bezug auf psychische Belastungen festgeschrieben:

- Sicherstellung, dass psychische Belastungen bei der GB berücksichtigt werden
- Sicherstellung der Plausibilität/angemessenen Qualität der GB
- Beratungs- und Kooperationsaufgaben nach ASiG § 6 und DGUV Vorschrift 2
- Unterstützung des Unternehmers
- Hinzuziehung von Fachleuten soweit erforderlich
- Wechselseitige Abstimmung Betriebsarzt/Fachkraft
- Information und Wissensvermittlung, Erklärung von Zusammenhängen
- Unterstützung bei und Anwendung von orientierenden Verfahren
- Vorschlagen von Maßnahmen und Unterstützung bei der Maßnahmenentwicklung
- Vorschlagen von Maßnahmen zur Wirkungsprüfung
- Gemeinsam mit Unternehmer u. Führungskraft Prüfung der Wirksamkeit

– Bereitstellung notwendiger Hilfsmittel (z. B. Hinweise zu Prozessgestaltung und orientierende Verfahren)
– Beratung zu spez. Themen (Mobbing, Burnout, Trauma) und zur Primär- und Sekundärprävention (bei Ärzten auch zur Tertiärprävention)
– Beachtung von Auffälligkeiten (Lotsenfunktion)
– Vernetzung mit anderen betrieblichen Akteuren
– Beachtung externer Netzwerke.

> Beide Professionen sind daher auch bei der Bearbeitung psychischer Belastungen immer einzubeziehen. Dies macht auch Sinn, denn die Fachkraft für Arbeitssicherheit kennt in der Regel das Arbeitssystem in seinen Details viel besser als der Arbeitgeber, während die Betriebsärzte in vielen Fällen zusätzlich aus ihren Gesprächen und Vorsorgeterminen über persönliche Nöte und die von einzelnen Mitarbeitern empfunden Belastungen informiert sind.

Der Arbeitgeber kann außerdem Fachleute mit der verantwortlichen Abarbeitung von Aufgaben betreuen (§ 13 Abs. 2 ArbSchG):

> **Arbeitsschutzgesetz (ArbSchG) – § 13 Verantwortliche Personen Abs. 2**
>
> „Der Arbeitgeber kann zuverlässige und fachkundige Personen schriftlich damit beauftragen, ihm obliegende Aufgaben nach diesem Gesetz in eigener Verantwortung wahrzunehmen."

Dies können auch externe Personen sein, wovon in der Praxis häufig Gebrauch gemacht wird.

Außerdem haben auch die Mitarbeiter die Aufgabe, ihren Arbeitgeber bei der Erfüllung seiner Aufgaben zu unterstützen:

> **Arbeitsschutzgesetz (ArbSchG) – § 16 Besondere Unterstützungspflichten Abs. 2**
>
> „Die Beschäftigten haben gemeinsam mit dem Betriebsarzt und der Fachkraft für Arbeitssicherheit den Arbeitgeber darin zu unterstützen, die Sicherheit und den Gesundheitsschutz der Beschäftigten bei der Arbeit zu gewährleisten und seine Pflichten entsprechend den behördlichen Auflagen zu erfüllen".

Aufgrund dieser Bestimmung können sowohl Führungskräfte als auch Betriebsräte an die Mitarbeiter appellieren, sich an Prozessen der Gefährdungsbeurteilung zu beteiligen, also z. B. an moderierten Verfahren oder Mitarbeiterbefragungen teilzunehmen. Ein Zwang kann jedoch aus dieser Vorschrift nicht abgeleitet werden.

Außerdem sollten sich auch immer die Interessenvertretungen, also z. B. die Betriebsräte in die Abwehr psychischer Fehlbelastungen einbringen, denn diese haben sowohl ein Initiativ- als auch ein Kontrollrecht. Im § 80 Abs. 1 des Betriebsverfassungsgesetzes (BetrVG) sind vor allem drei Punkte besonders wichtig:

Betriebsverfassungsgesetz (BetrVG) – § 80 Allgemeine Aufgaben Abs. 1

„Der Betriebsrat hat folgende allgemeine Aufgaben:

1. darüber zu wachen, dass die zugunsten der Arbeitnehmer geltenden Gesetze, Verordnungen, Unfallverhütungsvorschriften, Tarifverträge und Betriebsvereinbarungen durchgeführt werden;
2. Maßnahmen, die dem Betrieb und der Belegschaft dienen, beim Arbeitgeber zu beantragen;

...

9. Maßnahmen des Arbeitsschutzes und des betrieblichen Umweltschutzes zu fördern."

Punkt 1 des Absatzes macht deutlich, dass hier ein Kontrollrecht vorliegt, wobei natürlich das Arbeitsschutzgesetz und seine Ausführungen relevant sind. Im Punkt 2 wird eine Mitwirkung und Initiativmöglichkeit eingeräumt (was auch die Durchführung einer Gefährdungsbeurteilung sein kann), und im Punkt 9 wird die Zuständigkeit des Betriebsrates für den Arbeitsschutz noch einmal besonders hervorgehoben (dies wäre eigentlich bereits im Punkt 1 mit abgedeckt).

Dem für manchen vielleicht verlockenden Gedanken, den Arbeitgeber kontrollieren zu können, ohne selbst konstruktiv tätig werden zu müssen, wird im § 87 Abs. 1 eine klare Absage erteilt:

Betriebsverfassungsgesetz (BetrVG) – § 87 Mitbestimmungsrechte Abs. 1

(1) Der Betriebsrat hat, soweit eine gesetzliche oder tarifliche Regelung nicht besteht, in folgenden Angelegenheiten mitzubestimmen:

1. Regelungen über die Verhütung von Arbeitsunfällen und Berufskrankheiten sowie über den Gesundheitsschutz im Rahmen der gesetzlichen Vorschriften oder der Unfallverhütungsvorschriften;

Mitbestimmen heißt aber, konstruktiv tätig zu werden. Mögliche Verweigerungshaltungen und ein Zurückziehen auf die reine Kritikerrolle würde Ausweichen vor der Verantwortung bedeuten und wäre nicht im Sinne der Kolleginnen und Kollegen, die den Betriebsrat gewählt haben. Allerdings gab es für eine gewisse Zeit Diskussionen, ob die Betriebsräte bei der Gefährdungsbeurteilung und der Maßnahmenkonzeption überhaupt mitbestimmen dürften, da dies ja gesetzlich geregelt sei und im § 87 steht „… soweit eine gesetzliche oder tarifliche Regelung nicht besteht". Der Paragraf sei deshalb hier nicht in Anwendung zu bringen.

Dem hat das Bundesarbeitsgericht mit der Begründung widersprochen, dass die gesetzlichen Anforderungen allgemein formuliert sind und dem Arbeitgeber Gestaltungsspielräume offen stehen. In diesem Fall greift die Mitbestimmung bei der Ausgestaltung der Spielräume (Urteil des BAG 1 ABR 13/03 vom 8. 4. 2004).

Mit diesen Kurzerläuterungen sind die Akteure benannt, die in allen Prozessen rund um die psychischen Belastungen in der einen oder andern Form mit einzubeziehen sind:

— Der Arbeitgeber als Hauptverantwortlicher
— Die Führungskräfte als Vertretung des Arbeitgebers
— Fachkraft für Arbeitssicherheit und Betriebsarzt
— Die Arbeitnehmervertretung
— Ggf. besonders bestellte fachkundige Personen.

Wer sich im Arbeitsschutz auskennt, erkennt in den vier erstgenannten Personengruppen sofort die Zusammensetzung des Arbeitsschutz-Ausschusses (ASA) nach § 11 des Arbeitssicherheitsgesetzes.

In der Tat ist der ASA das Gremium aus dem heraus die Abwehr psychischer, aber auch aller anderer Gefährdungen angegangen werden muss. Dabei spielt es keine Rolle, ob die psychischen Belastungen ggf. in parallelen Gremien (z. B. in BGM-Prozessen) bearbeitet werden. Wir befinden uns im Bereich des gesetzlich normierten Arbeitsschutzes und der ASA ist das gesetzlich vorgesehene Gremium dafür, er ist immer der Ankerpunkt.

Die tatsächliche Ausgestaltung und Organisation der Gefährdungsbeurteilung und Maßnahmenfindung wird je nach den betrieblichen Arbeitsbedingungen sehr unterschiedlich ausfallen können und müssen. Wichtig ist jedoch, dass die Aktivitäten im ASA zusammenlaufen. Die heute häufig zu beobachtende Trennung in ASA und BGM-Gremien, wobei der „normale" Arbeitsschutz über den ASA geleitet wird, die psychischen Belastungen jedoch über das BGM, ist nur dann fruchtbar, wenn sich beide Gremien intensiv miteinander verzahnen, die gemeinsame Steuerung aber beim Arbeitgeber belassen wird.

Dafür gibt es eine klare gesetzliche Grundlage, denn die Beurteilung psychischer Belastungen sind Pflichtaufgaben des Arbeitgebers nach dem Arbeitsschutzgesetz, während das Betriebliche Gesundheitsmanagement eine freiwillige Leistung darstellt. BGM–Gremien können daher nur als Berater fungieren und müssen sich zumindest in dem Punkt der psychischen Belastungen den gesetzlichen Vorgaben, Entscheidungsträgern und Gremien unterordnen. Auch Betriebsvereinbarungen können gesetzlich festgelegte Verantwortlichkeiten nicht aushebeln.

1.2 Gefährdungsbeurteilung und Maßnahmenableitung

Vor dem Handeln kommt das Denken. Genau deshalb hat der Gesetzgeber die Gefährdungsbeurteilung als Erkenntnis schaffenden Prozess der Maßnahmeneinführung vorangestellt. Dementsprechend müssen die Arbeitgeber als Handlungsverantwortliche eine Abfolge an Schritten gewährleisten, die in Abb. 25 dargestellt ist.

– Ausgehend von dem Arbeitssystem ist als erster Schritt die Gefährdungsbeurteilung einzuleiten, wobei zunächst alle relevanten Informationen zu dem Arbeitssystem systematisch zu sammeln sind. Dafür können sich die Betriebsverantwortlichen verschiedener Instrumente bedienen (z. B. Mitarbeiterbefragungen), die im nächsten Kapitel näher erläutert werden.

– Diese Informationen werden gesichtet und hinsichtlich ihrer Aussagen zu den psychischen Gefährdungen am Arbeitsplatz durch fachkundige Personen ausgewertet.

– Auf Basis dieser Erkenntnisse werden dann die Maßnahmen abgeleitet, die notwendig sind, die Gefährdungen zu beseitigen oder zu minimieren.

– Diese drei Schritte sind die eigentliche Gefährdungsbeurteilung, wie sie im § 5 im Arbeitsschutzgesetz beschrieben ist. Die Umsetzung der Maßnahmen gehört streng genommen nicht zur Gefährdungsbeurteilung, da diese unter § 3 ArbSchG festgelegt sind. Aus praktischen Gründen wird häufig aber der Gesamtkomplex aus Beurteilung und Maßnahmenumsetzung als „Gefährdungsbeurteilung" bezeichnet. Das ist griffig, wenn auch nicht korrekt.

– Nach Ende der eigentlichen Beurteilung müssen also die Maßnahmen entsprechend den Vorgaben des § 3 ArbSchG umgesetzt werden und auf ihre Wirksamkeit geprüft werden. Stellen die Maßnahmen sich als wirksam heraus, werden sie in das Arbeitssystem als feste Größe eingeführt. Sind sie nicht wirksam, so erfolgt gewissermaßen ein „Rückverweis" in die Gefährdungsbeurteilung, um zu prüfen, ob die Gefährdungsbeurteilung nicht richtig ausgeführt wurde oder ob falsche Maßnahmen ausgewählt wurden.

— Sind wirksame Maßnahmen installiert, so heißt dies nicht, dass der Prozess beendet ist, denn die Wirksamkeit ist regelmäßig zu prüfen. Nur durch diese fortwährenden Prüfungen kann sichergestellt werden, dass das Arbeitssystem nicht „aus dem Ruder läuft". Sichert also die Beurteilung und Maßnahmenumsetzung im besten Falle ein gesundes Arbeitssystem, so sichern die turnusmäßigen Wirkungsprüfungen ein *zeitlich stabil* gesundes Arbeitssystem.

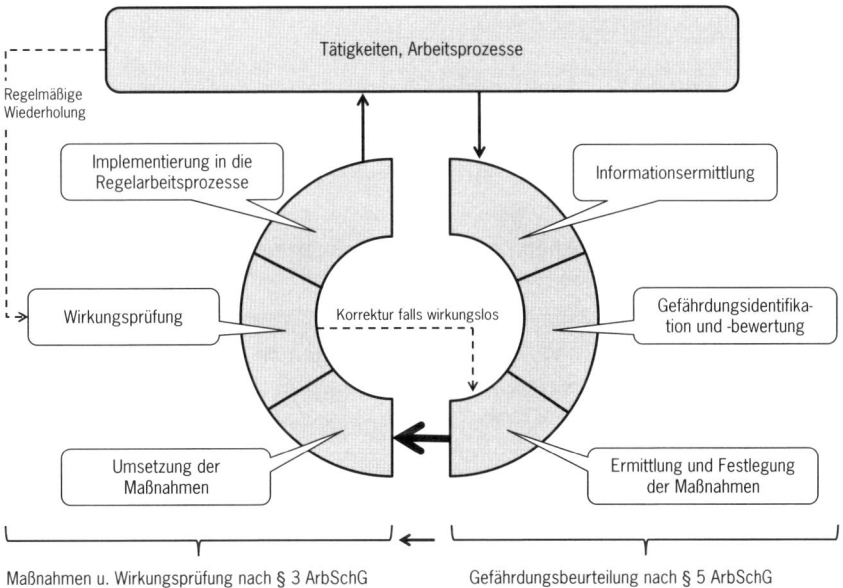

Abb. 25: *Darstellung des Zusammenwirkens von Gefährdungsbeurteilung nach § 5 und Maßnahmenumsetzung nach § 3 ArbSchG. Häufig wird der ganze Prozess als „Gefährdungsbeurteilung" bezeichnet, was aber nicht wirklich korrekt ist.*

Ein Sonderfall der Wirksamkeitsprüfung ist die erneute Überprüfung der Gefährdungsbeurteilung mit der Frage, ob die einstmals erhaltenen Erkenntnisse noch stimmen. Grundsätzlich ist nach der GDA-Empfehlung zur Gefährdungsbeurteilung eine Überprüfung immer notwendig bei:

— Veränderungen der Arbeitsbedingungen und der damit verbundenen psychischen Belastungen, beispielsweise durch Restrukturierung, Reorganisationen von Tätigkeiten und Arbeitsabläufen oder nach Anschaffung neuer Maschinen und Produktionsausrüstungen

- Bei auffälligen Häufungen von Fluktuation, Beschwerden, Gesundheitsbeeinträchtigungen u. a., die auf Gefährdungen durch psychische Belastungen bei der Arbeit hindeuten
- Bei Vorliegen neuer arbeitswissenschaftlicher Erkenntnisse oder Arbeitsschutzvorschriften.

Die Gefährdungsbeurteilung muss fachkundig erfolgen. Dies ergibt sich zwar nicht direkt aus dem Arbeitsschutzgesetz, ist aber sachlich logisch und in fast allen Arbeitsschutzverordnungen oder zugeordneten Technischen Regeln festgeschrieben. Die Ausformulierungen in den anderen Verordnungen dürfen deshalb als Willen des Gesetzgebers auch auf die psychischen Belastungen im Analogieschluss übertragen werden.

Grundlagen für die Fachkunde sind nach den anderen Verordnungen:

- Eine entsprechende Berufsausbildung
- Berufserfahrung oder eine zeitnah ausgeübte entsprechende berufliche Tätigkeit und
- Teilnahme an spezifischen Fortbildungsmaßnahmen.

Dieses sehr allgemeine Schema müsste natürlich spezifiziert werden, es finden sich aber in den Vorschriften keine ausreichenden Hinweise dazu. Eine Ausnahme bildet die GDA-Qualifizierungsempfehlung, deren Inhalte den fachlichen Rahmen der spezifischen Fortbildungsmaßnahmen umreißt.

Welche Berufsausbildung aber notwendig ist und was unter einer „entsprechenden beruflichen Tätigkeit" genau zu verstehen ist, bleibt vorerst ungeregelt. Mit Blick auf die Fachkräfte für Arbeitssicherheit können diesbezüglich Zweifel auftreten, da hier sehr häufig technische Ausbildungen und Ingenieurstudien im Hintergrund stehen und das Schwergewicht der Tätigkeiten im Betrieb häufig eher technisch ausgerichtet ist.

Aber auch die Betriebsärzte haben in ihren Studien selten ausreichendes Wissen in arbeitspsychologischen Fragestellungen mit entsprechender Methodenkompetenz erworben und sind in ihrer praktischen Tätigkeit in vielen Fällen an eine rein normative Vorsorgeumsetzung gebunden. Vor ihrer Gesamtausbildung sind sie aber noch eher geeignet, fachkundig zu agieren als die meisten Fachkräfte für Arbeitssicherheit.

Das gleiche finden wir auch bei den meisten BGM-Kräften. Sie mögen zwar die Prozesse beherrschen, die im Rahmen eine Gefährdungsbeurteilung psychischer Belastungen ablaufen, wenn es aber darauf ankommt, die Ergebnisse auf Basis wissenschaftlicher Erkenntnisse dahingehend zu interpretieren, ob nun eine Gefährdung vorliegt oder nicht, fehlt ihnen häufig entsprechendes Fachwissen. Der naheliegende Gedanke, einen externen Arbeitspsychologen mit der Durchführung der Gefährdungsbeurteilung zu betrauen, würde fachlich Sinn machen, allein diese externen Fachleute kennen nicht die Bedingungen im Betrieb in ausreichender Weise.

> Kurz und gut: Es wird schwer werden, die Fachkundeanforderungen in einer Person vereinigt zu finden. Deshalb ist die Fachkunde am besten durch ein Team aus den erwähnten und ggf. noch zusätzlichen Professionen zu gewährleisten. Die Gefährdungsbeurteilung muss fachkundig erstellt werden, aber sie muss nicht durch *eine* fachkundige Person erarbeitet werden.

Es ist daher notwendig, die Gefährdungsbeurteilung gut vorzubereiten.

1.3 Vorbereitung der Gefährdungsbeurteilung

Die Vorbereitung der Beurteilung muss im Falle der psychischen Belastungen in etwas anderer Form erfolgen als bei der Beurteilung der eher technisch-physikalischen Faktoren. Dies liegt unter anderem darin, dass bei letzterer viele Beurteilungskriterien normiert vorliegen und insofern die Wahl der Methoden insgesamt eher eingeschränkt ist. Dies ist bei den psychischen Belastungsfaktoren nicht gegeben, so dass die Wahl der Beurteilungsmethode hohen Einfluss auf das Vorgehen hat.

Erster Schritt: Über Methoden verständigen.

Bei den psychischen Belastungen ist zunächst zu klären, welche Methode zur Informationsbeschaffung eingesetzt werden soll. Die Wahl der Methode bestimmt dann einen großen Teil der nachfolgenden Vorbereitungsarbeiten.

Im ASA müssen sich daher die Betriebsparteien als erstes darüber verständigen, ob die Informationssammlung für die Beurteilung mittels einfacher Checklisten, Beobachtungsinterviews, Mitarbeiterbefragungen oder moderierter Verfahren erfolgen soll.

Welche Vor- und Nachteile mit den einzelnen Methoden verbunden sind, wird im nächsten Kapitel beleuchtet. Es ist aber in diesem Schritt unerlässlich, einen möglichst neutralen und von beiden Betriebsparteien akzeptierten Berater zur Seite zu haben, der Vor- und Nachteile sowie das generelle Vorgehen erläutert. Dies kann auch die Fachkraft für Arbeitssicherheit oder der Betriebsarzt sein, wenn er über die entsprechenden Kenntnisse verfügt (was er nach der GDA-Qualifizierungsempfehlung erfüllen sollte).

Vielen Betriebsräten ist hier die Einbindung der beiden genannten Professionen suspekt, da sie sie beide auf der Arbeitgeberseite verorten. Dies ist aber zumindest in der Theorie falsch, denn das ASiG sieht eine neutrale Beraterposition vor, die nach § 8 ASiG weisungsfrei erfolgen soll. Außerdem sollen sie nach § 9 ASiG mit den Betriebsräten zusammenarbeiten, sie über an den Arbeitgeber gerichtete Vorschläge informieren und zumindest bei internen Kräften erfolgt die Bestellung mit Zustimmung des Betriebsrats. Die Fachkräfte und Betriebsärzte stehen also auch dem Betriebsrat zur Seite.

Zweiter Schritt: Ressourcen prüfen, grundsätzliches Vorgehen festlegen.

Nach der Erstberatung und der Festlegung auf die Methode, wäre zu prüfen, ob die Beurteilung mit eigenen Kräften erfolgen kann, oder ob hier externe Dienstleister oder Spezialisten verpflichtet werden müssen. Ist letzteres der Fall, sollte eine ausreichende Zahl an Angeboten eingeholt werden und entsprechende Vorstellungen durch die Dienstleister erfolgen.

Dabei ist aber zu bedenken, dass einige Methoden an einen bestimmten Dienstleister gebunden sind, so dass hier ggf. keine Alternativen möglich sind und sich das Unternehmen in die Hände eines einzigen Anbieters gibt. Zwar sind viele Fragebögen z. B. im Internet frei verfügbar, aber die Auswertung muss entweder vollständig selbst übernommen oder über einen Dienstleister abgewickelt werden. Ob das gewünscht wird, muss jeweils selbst entschieden werden. Dazu kommt, dass manche Anbieter ihre Produkte so zurechtschneiden, dass ein Folgegeschäft unausweichlich wird. Hier ist auf klare Grenzziehungen und ausreichende Genauigkeiten in der Leistungsbeschreibung und der Vertragsgestaltung zu achten.

Wie auch immer die Wahl ausfällt, es muss nachfolgend festgelegt werden, in welchen Schritten die Beurteilung erfolgen soll, wer den Prozess steuern soll und wie zumindest der grobe Zeitplan aussieht. In vielen Fällen wird die Prozessbegleitung einer Steuergruppe übertragen, deren Zusammensetzung festzulegen ist. Beliebt sind paritätisch besetzte Gruppen mit z. B. je drei Mitgliedern von Seiten des Arbeitgebers und des Betriebsrats. Dabei werden häufig – wie bereits erwähnt – die Fachkräfte und die Ärzte nicht berücksichtigt. Das ist ein unglückliches Vorgehen, denn beide Seiten benötigen die jeweiligen Expertisen der betrieblichen Fachleute – auch dann, wenn sie nicht selbst die Beurteilung ausführen können.

Typischerweise entsteht die erste ernsthafte Hürde, wenn die Befugnisse und Beschlussmodalitäten festgelegt werden sollen. Wie zu erwarten, werden in der Praxis häufig Pattsituationen vorhersehbar sein. Das ist nicht schlimm, denn nach Meinung des Autors haben Steuergruppen sowieso keine Beschlussbefugnis. Es sind Steuergruppen, die Prozesse steuern, aber keine Entscheidungen treffen. Beschlüsse werden im ASA getroffen und es kann nicht sein, dass es zwei konkurrierende Gremien zu der gleichen Fragestellung gibt. Arbeitgeber sollten hier ihre Verantwortlichkeit nicht aus der Hand geben. Ein ähnliches Vorgehen ist anzustreben, wenn die Beurteilung psychischer Belastungen im Rahmen des betrieblichen BGM erfolgt.

Neben dieser durchaus heiklen Frage ist natürlich ein grober, später ein detaillierter Zeitplan festzulegen. Dabei sollte auch geprüft werden, ob die jeweilige Methode im Rahmen eines Pilotprojekts in z. B. einer Abteilung oder an einem Standort erprobt wird. Der Auswertung dieser Pilotphase ist entsprechend Raum zu geben und letztendlich sollte der endgültige Beschluss für eine Methode erst nach Abschluss der Pilotphase erfolgen.

Dritter Schritt: Betriebsvereinbarung abschließen.

Spätestens nach Festlegung dieser und notwendiger weiterer Schritte sollte eine Betriebsvereinbarung das Erreichte festhalten. Besonders im Bereich der psychischen Belastungen sind Vorgehensfragen zur Gefährdungsbeurteilung noch nicht durch einen Corpus von normierten Prozessen festgelegt oder „kanalisiert". Es besteht ein hohes Maß an Möglichkeiten und Varianten. Gerade dies darf aber im Betrieb nicht sein, sondern es muss eine überparteiliche Linie erarbeitet werden, die für alle Beteiligten bindend ist und auf diese Weise aus der großen Zahl möglicher Wege einen einzigen für das eigene Unternehmen festlegt.

Dabei ist darauf zu achten, dass die eigentliche Vereinbarung zwar die wesentlichen Schritte, Aufgaben, Verantwortlichkeiten u. dgl. beschreibt, konkrete Festlegungen zu Personen, Institutionen, Methoden, Zeitabläufen usw. aber in Anhängen festlegt. Diese sind deutlich leichter zu ändern, wenn es die Situation erforderlich macht.

Auch würde der Autor davon abraten, Betriebsvereinbarungen „nur" zur Beurteilung psychischer Belastungen abzuschließen. Dieser Aspekt ist nur ein Teilbereich der Gefährdungsbeurteilung nach § 5 Arbeitsschutzgesetz und es ist daher grundsätzlich besser, eine Vereinbarung zur Gefährdungsbeurteilung abzuschließen, die alle Bereiche der Beurteilung umfasst.

Vierter Schritt: Mitarbeiterinformation

Die Mitarbeiter sind in die Beurteilung mit einzubeziehen. Die Form, wie dies in der eigentlichen Beurteilung erfolgt, wird im Prinzip schon durch die Methoden festgelegt. Bevor diese aber umgesetzt wird, müssen natürlich die Mitarbeiter zunächst ganz allgemein darüber informiert werden, dass es eine

Gefährdungsbeurteilung geben wird, wofür sie da ist, wie sie abläuft, welche Methode eingesetzt wird und welche Personen/Organisationen damit beauftragt werden.

Als wahrscheinlich bester Weg kommt hier die von Arbeitgeber- und Arbeitnehmerseite gemeinsam einberufene Betriebsversammlung in Betracht. Ist das Klima zwischen beiden Parteien nicht einträchtig, kann auch der Betriebsrat alleine einladen. Auch in solchen Fällen sollte aber zwischen den Betriebsparteien in den wesentlichen Eckpunkten Einigkeit während der Versammlung demonstriert werden – egal welche Meinungsverschiedenheiten in Detailfragen im Hintergrund herrschen oder herrschten. Damit soll verdeutlicht werden, dass beide Parteien an einer erfolgreichen und unter möglichst hoher Beteiligung der Mitarbeiter ablaufenden Beurteilung interessiert sind.

Neben der Betriebsversammlung sind aber auch andere „Formate" denkbar, wie etwa Artikel in Mitarbeiterzeitschriften oder im Intranet, Information durch Führungskräfte in Abteilungssitzungen u. a. Erfahrungsgemäß ist jedoch die Betriebsversammlung die nachhaltigste Informationsveranstaltung.

Mit diesen Schritten sind die wichtigsten Eckpunkte der Vorbereitung der Beurteilung der betrieblichen psychischen Belastungen beschrieben. Es folgen die Ausführung der Beurteilung, die Maßnahmenfestlegung und der Beginn der Maßnahmenumsetzung.

Spätestens zu diesem Zeitpunkt sind die Mitarbeiter über die Ergebnisse der Gefährdungsbeurteilung und die nachfolgenden Maßnahmen und Prozesse zu informieren. Die Beurteilung wird also gewissermaßen von zwei Informationsveranstaltungen „eingerahmt". Die erste wie beschrieben zur Information und Einbindung der Mitarbeiter, die zweite zur Darstellung der wesentlichen Ergebnisse. Die Praxis hat gezeigt, dass das Engagement der Mitarbeiter in solchen Prozessen deutlich sinkt, wenn sie sich zwar einbringen, aber keine Rückmeldung zu den Ergebnissen erhalten.

2. Instrumente zur Erfassung psychischer Belastungen

Derzeit existieren diverse Instrumente für die Gefährdungsbeurteilung psychischer Belastungen, was auf viele Betriebsverantwortliche entmutigend wirkt. Was soll im Betrieb verwendet werden? Die Antwort ist ganz einfach: Was zum Betrieb passt. Anything goes – es gibt weder einen Königs- noch einen vorgeschrieben Weg.

Es muss aber deutlich gemacht werden: Alle Methoden sind keine Gefähr-dungsbeurteilungen, sondern Instrumente der Informationssammlung, wie sie in Abb. 24 dargestellt ist. Die Beurteilung erfolgt in nachgelagerten Prozessen stützt sich aber auf die Ergebnisse der angewendeten Instru-mente. Eine Ausnahmen sind vielleicht die moderierten Verfahren, in denen Informationssammlung und Beurteilung im Wesentlichen gemeinsam erfol-gen.

Grundsätzlich lassen sich die Instrumente unterscheiden entweder nach der Beurteilungstiefe oder nach der Art der Erfassung.

2.1 Beurteilungstiefe von Verfahren und Qualitätskriterien

Erfassungsinstrumente für psychische Belastungen weisen nach der DIN EN ISO 10075-3: 2004-12 drei unterschiedliche Detailierungsgrade auf.

1. **Orientierende Verfahren:** Sie haben keine hohe Erfassungsschärfe und sind eher geeignet, einen zwar durchaus zutreffenden, aber eben nur sehr orientierenden Überblick bzgl. der psychischen Belastungen zu erlauben. Hierher gehören z. B. Checklistenverfahren, die durch betriebliche Arbeits-schutzfachleute angewendet werden. Der Vorteil ist die schnelle Verfügbar-keit von Daten, geringer Zeit- und Auswerteaufwand, geringe Kosten und eine insgesamt relativ unkomplizierte Anwendung. Der Nachteil ist natür-lich die geringe Detailschärfe. Sie können aber sehr gut verwendet werden, um eine erste „Belastungslandkarte" im Unternehmen zu erstellen und anhand der gewonnenen Erkenntnisse tiefer gehende Instrumente gezielter einzusetzen. Diese Instrumente können bei sicherem Basiswissen auch von Nicht-Experten eingesetzt werden.

2. **Screeningverfahren:** In diese Kategorie fallen die meisten der in den Betrieben eingesetzten Instrumente, wie etwa die Mitarbeiterbefragungen, Beobachtungsinterviews und moderierten Verfahren. Ihre Beobachtungs-tiefe geht deutlich über die orientierenden Verfahren hinaus, erfordert aber auch speziell geschulte Mitarbeiter oder externe Dienstleister. Gerade bei Mitarbeiterbefragungen können dabei hohe Datenmengen anfallen, die es sinnvoll zu steuern und auszuwerten gilt, wobei das Thema Vertraulich-keit/Datenschutz eine wesentliche Rolle spielt. Der Einsatz erfordert eine

gute Vorbereitung, ggf. Anwenderschulungen für Mitarbeiter, einen relativ hohen Zeiteinsatz und sie sind in der Regel im mittel- bis unteren hochpreisigen Bereich angesiedelt.

3. **Tiefenanalysen:** Die dritte Komplexitätsstufe sind die Tiefenanalysen, die nur durch entsprechende Spezialisten wie Psychologen, Arbeitspsychologen, Mediziner u. a. vorgenommen werden können. Grundlage ist eine sehr detaillierte Analyse des Arbeitssystems, des Arbeitsablaufes, der Beanspruchungsreaktionen bis hin zu physiologischen Ratenmessungen an Einzelpersonen u. a. Dementsprechend sind die Verfahren langwierig und als Routineinstrument in der Regel nicht geeignet. Solche Analysen lohnen sich nur unter spezifischen Bedingungen und stehen auch nicht im Fokus der Gefährdungsbeurteilung.

Grundsätzlich gibt es aber keine Vorgaben, welche Analysentiefen im Rahmen der Gefährdungsbeurteilung anzuwenden sind. Die Auswahl muss in erster Linie nach den betrieblichen Bedingungen erfolgen. In aller Allgemeinheit lässt sich sicher sagen, dass orientierende Verfahren für Klein- und Kleinstbetriebe sowie Unternehmen des kleinen Mittelstands (bis ca. 50 Mitarbeiter) ausreichend sein können, während größere Firmen sich sicher eher Screeningverfahren leisten sollten.

Auch die Komplexität der Tätigkeiten kann entscheidend sein, z. B. wenn Tätigkeiten bereits in Hinsicht auf ihre psychischen Belastungen gut untersucht sind. Dann genügt häufig die Feststellung, dass diese Art von Tätigkeit erfolgt, um die damit verbundenen psychischen Belastungen zu identifizieren. Das ist auch mit einem orientierenden Verfahren möglich. Zusätzlich zur der Beobachtungstiefe lässt sich bei den Instrumenten noch unterscheiden, ob diese wissenschaftlich validiert und reliabel sind. Was ist damit gemeint? Alle Analyseinstrumente sind letztendlich Messinstrumente, die Fehler produzieren können oder ggf. etwas anderes messen, als das was angestrebt ist.

Der Vergleich hinkt zwar ein wenig, aber wenn ein Temperaturmessgerät statt der Temperatur die Luftfeuchte misst, wäre es nicht valide. Würde es dagegen die Temperatur mit einer Ungenauigkeit von zwei Grad nach oben und unten messen, wäre es zwar valide, aber nicht sehr reliabel. Es produziert Fehler. Der Vergleich hinkt vor allem deswegen, weil die Begrifflichkeiten der Soziologie und Psychologie entstammen und im Zusammenhang mit technisch-naturwissenschaftlichen Messungen nicht verwendet werden.

Reliabilität und Validität sind Qualitätskriterien für psychische Analyseinstrumente, die über die Zielgenauigkeit und die formale Genauigkeit der Instrumente etwas aussagen. Außerdem muss Objektivität gewährleistet sein, also das Messergebnis unabhängig von den Ausführungs- bzw. Einsatzbedingungen sein. Die Qualitätskriterien werden in besonderen Tests und mit spezifischen Methoden geprüft und festgestellt.

Insbesondere bei Mitarbeiterbefragungen kommt es darauf an, dass das jeweilige Verfahren auf diese drei Qualitätskriterien geprüft ist. Deshalb verbietet sich auch der „Eigenbau" eines Befragungsbogens, was gelegentlich vorkommt. Die Erstellung von Fragebögen erfordert schon solides Fachwissen.

Andererseits können mache Instrumente auf diese Kriterien nicht getestet werden. Moderierte Verfahren z. B. mögen sich zwar an einem Fragebogen orientieren, der die Kriterien erfüllt, allein der Diskussionsverlauf hängt in einem starken Maße von der Güte des Moderators und den Interaktionen in der Gruppe ab. Hier können Supervisionen weiterhelfen, nicht aber wissenschaftliche Tests im eigentlichen Sinne nach Maß und Zahl.

Auch gibt es keine Forderung von Seiten der Behörden oder der GDA, das nur wissenschaftlich getestete Instrumente eingesetzt werden müssen. Das wäre in weiten Bereichen der Wirtschaft gar nicht anwendbar, denn mit Abstand die größte Gruppe sind Kleinbetriebe, und hier reichen in der Regel nicht getestete orientierende Verfahren.

Bei der Auswahl von Instrumenten ist aber darauf zu achten, dass sie alle Faktoren abprüfen, die in der „GDA-Leitlinie Beratung und Überwachung bei psychischer Belastung am Arbeitsplatz" genannt sind (siehe auch Tab. 3–6) sowie, dass sie bzw. ihre Anbieter Auskunft über die Einhaltung der GDA-Qualitätsgrundsätze geben können, die in der Broschüre „Empfehlungen zur Umsetzung der Gefährdungsbeurteilung psychischer Belastung" in Anlage 3 genannt sind:

1. Es ist beschrieben, für welche Einsatzbereiche das Instrument/Verfahren geeignet ist. Branchen, Berufs- oder Tätigkeitsarten, Betriebsgrößenklassen, ...

2. Anwendungsvoraussetzungen sind beschrieben. Zum Beispiel erforderliche Qualifikationen/Erfahrungen auf Seiten der Anwender.

3. Die methodische Qualität des Instruments/Verfahrens ist geprüft und ausgewiesen. Es muss dargelegt werden, dass das Instrument/Verfahren für die Zwecke der Gefährdungsbeurteilung geeignet ist, z. B. durch wissenschaftliche Gütebeurteilung, betriebliche Referenzen.

4. Das Instrument/Verfahren erfasst und beurteilt Tätigkeiten und Ausführungsbedingungen. Beurteilungen erfolgen auf Grundlage der Beschreibungen von Arbeitsaufgabe, Arbeitsorganisation, sozialen Beziehungen, Arbeitsumgebung.

5. Das Instrument/Verfahren berücksichtigt die relevanten Belastungsfaktoren.

6. Das Instrument/Verfahren beinhaltet Methoden bzw. Hilfestellungen zur Beurteilung, ob Maßnahmen zur Minderung von Gefährdungen durch psychische Belastung erforderlich sind oder nicht. Es werden Methoden/Anleitungen zu einer sachlich begründeten bzw. nachvollziehbaren Beurteilung gegeben, z. B. durch Nutzung empirischer Vergleichswerte, im Instrument/Verfahren festgelegte Kriterien oder „Schwellenwerte", Beurteilung im Workshop/Analyseteam.

7. Das Instrument/Verfahren sieht die Einbeziehung der Beschäftigten in den Prozess der Gefährdungsbeurteilung vor. Z. B. mit Befragungen und Interviews zur Arbeitsbelastung, in Workshops.

2.2 Verfahrenstypen

Wie bereits mehrfach erwähnt lassen sich grundsätzlich vier verschiedene Verfahrenstypen unterscheiden:

– Tätigkeitsbeobachtung (Checklisten)

– Beobachtungsinterviews

– Mitarbeiterbefragungen

– Moderierte Beurteilungen.

An dieser Stelle soll über diese Verfahren nur ein allgemeiner Überblick gegeben werden, um im Rahmen dieser Basis-Wissensvermittlung die Verfahrenstypen von ihrer Struktur zu verstehen und sicher ansprechen zu können. Deutlich weitergehende Angaben sind in BAuA (2014) gegeben, das vor der ersten eigenen Gefährdungsbeurteilung als Ergänzung eingehend studiert werden sollte.

2.2.1 Tätigkeitsbeobachtung/Checklistenverfahren

Diese Verfahren sind orientierend und verwenden in der Regel Checklisten. Der Gedanke ist, anhand einer Übertragung bereits vorhandener wissenschaftlicher Erkenntnisse auf die vorgefundenen Arbeitsbedingungen die jeweiligen psychischen Belastungen indirekt zu identifizieren.

Einfacher ausgedrückt: Wenn wir aus Erfahrung wissen, dass eine bestimmte Tätigkeit diese oder jene psychische Belastung zur Folgen hat, dann darf ich dies auch annehmen, wenn die aktuell zu beurteilende Tätigkeit den beschriebenen kritischen Ausprägungen entspricht.

Aus diesem Grunde sind diese Verfahren – auch wenn sie nur orientierend und recht einfach sind – immer durch Arbeitsschutzexperten anzuwenden. In Frage kommen dabei insbesondere der Betriebsarzt und die Fachkraft für Arbeitssicherheit. Ein solches Verfahren ist das Basismodul psychischer Gefährdungen (BMPG), das vom Autor vor ein paar Jahren als Angebot insbesondere für Kleinbetriebe herausgegeben wurde (Schneider 2014).

In dem Fragebogen sind 36 sog. Indikatorfragen 12 Themenkomplexen zugeordnet, die vollständig die GDA-Faktoren abdecken. Es gibt also zu jedem Komplex drei Indikatorfragen, die so formuliert sind, dass sie durch Beobachtungen des Arbeitssystems und aus der Betriebskenntnis der Experten heraus sicher beantwortbar sind.

Dabei kann in drei Stufen zwischen „Typisch/Häufig", „Hin und wieder" und „Selten/nie" unterschieden werden.

So lauten z. B. die drei Indikatorfragen für das Belastungsfeld „Handlungsspielraum":

— Beinhaltet die Arbeitsaufgabe fest vorgegebene Zeiten, Zeitpunkte oder Zeitspannen?

— Fehlt die Möglichkeit, die Arbeit kurzfristig zu unterbrechen?

— Sind die Inhalte und Techniken der Arbeit fest vorgegeben ohne eine Möglichkeit der Variation?

Dabei kommt es nicht darauf an, bereits bei der Beantwortung der Fragen den Tatbestand einer unzumutbaren psychischen Belastung zu erkennen, sondern eine Indikation für mögliche Belastungen zu erhalten. Die letztendliche Beurteilung bleibt der nachfolgenden Reflektion der Ergebnisse überlassen.

Dies gilt – um es noch einmal zu wiederholen – im Übrigen für alle Tools: Sie zeigen möglichen Belastungshotspots an, ob es sich aber um eine unzumutbare Belastung und damit um eine Gefährdung der psychischen Gesundheit handelt, kann erst bei der Interpretation der Ergebnisse erkannt werden, nicht aus den Ergebnissen selbst. Aus diesem Grund wird ja auch für die Gefährdungsbeurteilung eine Fachkunde benötigt.

Wie bei anderen ähnlichen Instrumenten, benötigt also auch BMPG eine wertende Interpretation der Ergebnisse, die in diesem Falle durch den Arbeitgeber, den Betriebsarzt und die Fachkraft für Arbeitssicherheit geleistet werden soll. Hierzu können selbstverständlich Mitarbeiter hinzugezogen werden und die Ergebnisse in anderen Veranstaltungen (z. B. einem „Ideentreff", s. u.)

gemeinsam durchgesprochen und ggf. noch durch die Mitarbeiter ergänzt werden.

Der Vorteil dieser Verfahren liegt in der unkomplizierten und schnellen Anwendung. Sie setzen aber unbedingt ausreichende Betriebskenntnisse voraus und sind daher in erster Linie für interne Anwender gedacht. Der Nachteil ergibt sich aus der nur mittelbaren Einbindung der Mitarbeiter.

2.2.2 Beobachtungsinterviews

Beobachtungsinterviews können als eine Ausweitung der Checklistenverfahren durch gelenkte und mehr oder weniger standardisierte Gespräche, den Interviews, mit Mitarbeitern an ausgewählten Arbeitsplätzen verstanden werden. Sie gelten als Screeningverfahren.

Bekannte Methoden sind z. B.

- KABA-K   Kurzform der kontrastiven Aufgabenanalyse
- KPB   Kurzverfahren psychische Belastung
- SGA   Screening Gesundes Arbeiten
- SPA   Screening psychischer Arbeitsbelastung

Grundsätzlich setzen sich Beobachtungsinterviews – wie der Name sagt – aus zwei Elementen zusammen: Der Beobachtung und dem Interview. Im Kern werden Mitarbeiter bei ihrer Arbeit beobachtet und von dem Beobachter befragt, wobei standardisierte und separat für das jeweilige Verfahren entwickelte Fragebögen/Checklisten zum Einsatz kommen.

Dabei ist es wichtig, typische Arbeitssituationen zu erfassen und auch durch die Personen die Arbeiten ausführen zu lassen, die dies normalerweise tun (also z. B. keine Urlaubsvertretungen, kurzfristig eingesetzte Zeitarbeitnehmer u. a.). Im Rahmen der beiden Ermittlungswege sollen sowohl „objektive" (also z. B. Expertenermittlungen zur Tätigkeit) als auch „subjektive" Erkenntnisse (über die Mitarbeiteraussagen) gewonnen werden, die danach im Analyseteam reflektierend bewertet werden.

Das Arbeitssystem wird also gewissermaßen von zwei Seiten betrachtet, und eine von Experten anscheinend wenig belastende Situation kann sich aufgrund der Mitarbeiteraussagen dann ggf. doch als problematisch herausstellen. Dabei darf nicht übersehen werden, dass die eigentlichen Beobachtungen nur mehr oder weniger eine Momentaufnahme darstellen, die Mitarbeiteraussagen jedoch das Resultat der Erfahrungen über einen weit größeren Zeithorizont sind. Sollte es zu widersprüchlichen Befunden kommen, sind diese entsprechend durch das Analyseteam gesondert zu bewerten.

Dabei sollte sich das Analyseteam – wie eigentlich bei allen Beurteilungen – interdisziplinär zusammensetzen und Arbeitgeber- wie Arbeitnehmervertreter, Fachkraft für Arbeitssicherheit, Betriebsarzt, ggf. Arbeitspsychologen u. a. umfassen. Die direkte Mitarbeiterbeteiligung wird durch die Interviews sichergestellt.

Im Vorwege sind daher nicht nur das Analyseteam zusammenzustellen, sondern auch die zu beurteilenden repräsentativen Arbeitsplätze auszuwählen und festzulegen. Da praktisch alle Verfahren von externen Instituten bzw. Universitäten oder Firmen erarbeitet wurden, lassen sich die Beobachtungsinterviews in der Regel nur durch Kooperation mit einem externen Partner durchführen. Das heißt nicht unbedingt, dass der Partner auch die Erhebungen vornimmt, denn die meisten Institutionen lernen betriebliche Akteure in der richtigen Anwendung der jeweiligen Methode an.

Eine wichtige Grundvoraussetzung von Beobachtungsinterviews ist aber Vertrauen von Seiten der Arbeitnehmer in die Personen des Analyseteams und letztendlich in die Geschäftsleitung. Das Verfahren ist aus leicht einsehbaren Gründen nicht anonym, denn wenn die Arbeit von Herrn Mustermann bewertet werden soll, so weiß jeder, dass entsprechende Beobachtungen von „Mustermann" stammen. Daher macht dieses Verfahren nur dann Sinn und bringt korrekte Ergebnisse, wenn diese Vertrauensbasis vorhanden ist – wo sie fehlt, sollten eher anonymere Verfahren wie reine Arbeitsplatzbeobachtungen oder Mitarbeiterbefragungen vorgenommen werden.

Aus diesem Grund können die meisten Verfahren auch als reine Beobachtungen ohne den Interviewteil ausgeführt werden und stellen dann eher ein Checklistensystem dar.

2.2.3 Mitarbeiterbefragungen

Die wohl stärkste Einbindung der Mitarbeiter wird durch Mitarbeiterbefragungen erreicht. Dafür werden standardisierte Fragebögen auf Screening-Ebene entweder an die Mitarbeiter ausgegeben oder z. B. über Internet zugänglich gemacht.

Die von den Mitarbeitern gegebenen Antworten auf die jeweiligen Fragen werden dann statistisch zusammengefasst und stellen die Grundlage für die eigentliche Gefährdungsbeurteilung durch ein Analyseteam dar.

Einige bekannte Befragungssysteme sind z. B.

– COPSOQ   Copenhagen Psychosocial Questionaire
– KFZA   Kurzfragebogen zur Arbeitsanalyse

- Impuls-Test
- SALSA   Salutogenetische Soziale Arbeitsanalyse

Die Fragen sind dabei immer in persönlicher Form gehalten, können in mehreren Stufen (z. B. „immer" – „oft" – „manchmal" – „selten" – „nie") beantwortet werden und sprechen das subjektive Erleben der Mitarbeiter direkt an. Der Unterschied wird z. B. bei einem direkten Vergleich zwischen den Fragen aus dem BMPG (Checklistenverfahren) und dem COPSOQ deutlich, hier für das Arbeitstempo:

BMPG: „Erfolgt die Tätigkeit unter knappen Zeitvorgaben, engen Terminplänen etc.?"

COPSOQ: „Müssen Sie sehr schnell arbeiten?"

Während also das Checklistenverfahren auf im Prinzip messbare Größen ohne Betrachtung der Wahrnehmung durch die Mitarbeiter abstellt, fragt COPSOQ und auch alle anderen Fragebögen nach der Wahrnehmung der Mitarbeiter. Beide Systeme sind auf einem, aber jeweils anderem Auge blind: Checklisten beachten nicht das subjektive Empfinden der Mitarbeiter, die Fragebögen erlauben keine Aussagen zu messbaren Größen. Beide Herangehensweisen haben ihre Berechtigung, aber die Aussagen müssen in der eigentlichen Beurteilung genau durchleuchtet werden.

Grundsätzlich sind Mitarbeiterbefragungen eher in größeren Unternehmen sinnvoll, da die meisten Verfahren eine externe Auswertung und Bearbeitung der Datenmengen benötigen. Dies schon deshalb, weil z. T. sehr viele Daten entstehen. Bei einem eher kurzen Fragebogen mit 25 Fragen liegt die Datenmenge bei 100 Befragten schon bei 2500 Einzeldaten. Darüber hinaus sind viele Instrumente auch nicht frei verfügbar und es sind Nutzungsrechte zu beachten, hier ist eine entsprechende Vorinformation notwendig.

Ein Vorteil neben der theoretisch möglichen Beteiligung aller Mitarbeiter eines Unternehmens liegt in der sicherzustellenden Anonymität der Befragung. Daher ist streng darauf zu achten, dass pro Beurteilungseinheit (z. B. eine Betriebsabteilung) genügend Personen befragt werden, so dass Rückschlüsse auf einzelne Mitarbeiter nicht möglich sind. Liegen zu kleine Einheiten vor, also z. B. ein Team aus nur drei Personen, so sind ggf. verschiedene Einheiten zusammengefasst zu befragen. Die Anzahl der Befragten sollte 15 möglichst nicht unterschreiten.

Das gemeinsame Befragen birgt aber die Gefahr, dass Tätigkeiten mit unterschiedlichen psychischen Belastungsprofilen gemischt werden. Um dies zu vermeiden, müssen schon im Vorwege gewisse realistische Vorstellungen bzgl. der Belastungen in den betroffenen Einheiten vorhanden sein. Hier kann ggf.

eine vorlaufende Sondierung mit einem einfachen Checklistenverfahren hilfreich sein.

Die großen Datenmengen zwingen zur Anwendung statistischer Verfahren, unter denen die Bildung des Mittelwertes und von Häufigkeitsverteilungen eine wichtige Rolle spielen. Dadurch werden interpretierbare Messwerte geschaffen, die an jeweils systemimmanenten Referenzkriterien gespiegelt werden und auch Vergleiche zwischen Abteilungen oder Beurteilungseinheiten zulassen. Insbesondere die alleinige Verwendung von Mittelwerten (mit den entsprechenden Standardabweichungen oder Vertrauensbereichen) birgt jedoch die Gefahr, dass wichtige Informationen verloren gehen. Vor allem bei hohen Streuungen sollte geprüft werden, warum diese zustande kommt.

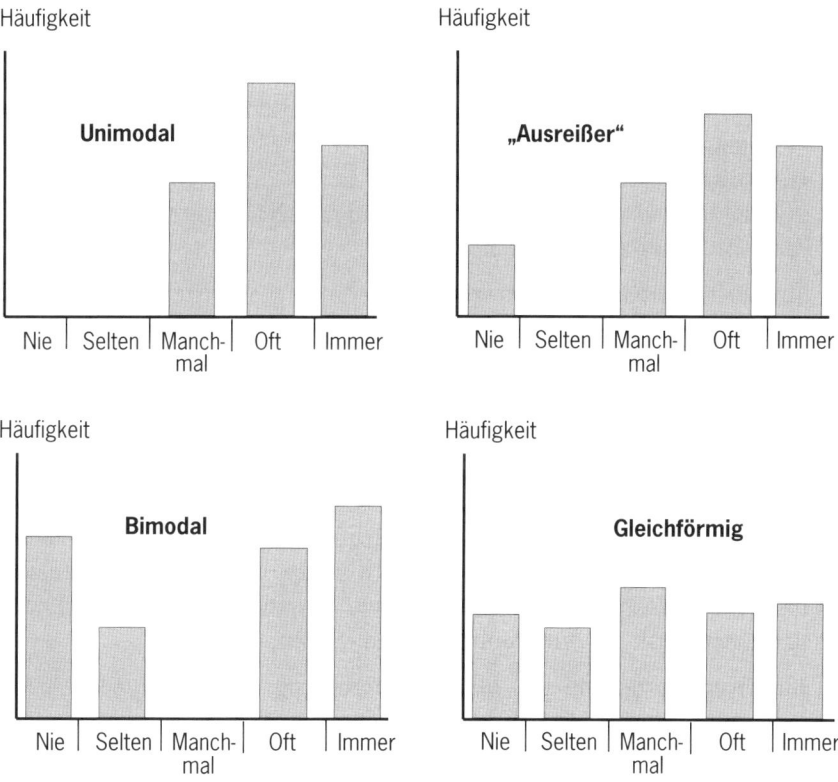

Abb. 26: *Vier theoretisch mögliche Verteilungsformen von Antworten einer Mitarbeiterbefragung.*

Hier können Verteilungshistogramme wichtige Hilfen leisten, wobei i. d. R. vier Typen vorkommen können (Abb. 26):

— **Unimodale Verteilungen:** Eingipfelige Verteilungen streuen nur gering und zentrieren sich um einen zentralen Wert. Sie sind typischerweise das beste erreichbare Ergebnis und lassen auf eine weitgehend homogene Wahrnehmung der jeweiligen Situation schließen. Die Streuung kann dabei weniger durch Unterschiede in der Wahrnehmung als in der unterschiedlichen Interpretation zugrunde liegender Begriffe (hier: „Manchmal" – „Oft" – „Immer") begründet sein. Die Streumaße um den Mittelwert sind meist gering.

— **Ausreißer:** Bei im Grunde unimodalen Verteilungen kann es passieren, dass einer oder wenige Werte weit außerhalb der Masse der Messwerte liegen. Dies sind die sog. „Ausreißer". Sie dürfen nicht übergangen werden, fallen aber bei reinen Mittelwertbetrachtungen – mit dann breiten Streumaßen – nicht auf. Sie können auch nicht als „Fehler" im weitesten Sinne abgetan werden, denn es ist durchaus möglich, dass innerhalb des befragten Kollektivs, einige Mitarbeiter eine deutlich abweichende Wahrnehmung haben als die übrigen Kolleginnen und Kollegen. Es kann ggf. sein, dass sich das psychische Belastungsspektrum dieser Mitarbeiter aus irgendeinem Grunde von dem der anderen unterscheidet.

— **Bimodale Verteilungen:** Zweigipfelige Verteilungen entstehen meist dann, wenn im Grunde zwei unterschiedliche Situationen beurteilt wurden, die jeweils getrennt zu befragen wären, aber in einer Befragungseinheit erfasst wurden. Dies könnte z. B. bei der oben beschriebenen Zusammenfassung von sehr kleinen Befragungseinheiten der Fall sein. Es könnte aber auch sein, dass hier bei gleicher Tätigkeit Unterschiede in der Beantwortung auf separate Personengruppen zurückführbar sind, also z. B. (dienst)ältere, erfahrene und (dienst)junge, unerfahrene Mitarbeiter, Frauen und Männer u. a. Streng genommen wäre hier die Anwendung eines einzigen Mittelwertes nicht statthaft, es müssten zwei ermittelt werden. Auf jeden Fall muss dem Sachverhalt auf den Grund gegangen werden.

— **Gleichverteilung:** Die gleichförmige Verteilung ist das Schreckgespenst jedes Analyseteams, da sich keine klare Botschaft ergibt. Etwa gleich viele Mitarbeiter äußern sich sehr unterschiedlich und ein klarer Trend ist nicht erkennbar. Ein Grund hierfür könnte sein, dass eigentlich notwendige getrennte Befragungen aufgrund unzureichender Vorkenntnisse nicht erfolgt sind. Es könnte sich daher um eine „verdeckte" bimodale Verteilung handeln, wobei in dem zentralen Wert („Manchmal") sich die oberen Ausläufer der linken („Nie" + „Selten") und die unteren Ausläufer der rechten Verteilung („Oft" + „Immer") überlagern und aufsummieren. Auf diese

Weise wird die bimodale Verteilung maskiert und irrtümlich eine völlige Gleichverteilung angenommen. Auch hier sind natürlich entsprechende Nacharbeiten erforderlich.

Diese Beispiele haben deutlich gemacht, dass die Interpretation von Mitarbeiterbefragungen durchaus komplex ist und in der Regel nicht allein durch betriebsinterne Kräfte geleistet werden kann. Hier ist meist erfahrene Hilfe von außen erforderlich. Dessen ungeachtet sollten die Ergebnisse nicht unkritisch übernommen werden und das Analyseteam sollte darauf achten, dass ihm nicht nur Mittelwerte, sondern auch Verteilungshistogramme zur Verfügung gestellt werden. Diese helfen einerseits dem eigenen Verständnis und können Hinweise auf Schwerpunkte der Präventionsarbeit abseits aller Mittelwertbetrachtungen geben.

Die statistische Aufbereitung insbesondere durch große Dienstleister ermöglicht aber nicht nur eine interne Auswertung, sondern auch den Vergleich mit in den Datenbanken der Dienstleister gespeicherten Werten anderer Unternehmen der gleichen Branche oder des Wirtschaftszweiges. Dies ist das sog. **„Benchmarking"**, man sieht – vereinfacht ausgedrückt – wo man im Vergleich zu den Ergebnissen der gleichen Berufsgruppe anderer Unternehmen liegt.

Der Autor steht diesem Benchmarking eher kritisch gegenüber. Dies vor allem aus drei Gründen:

1. Das Zusammenfallen der eigenen Kennwerte mit denen der gleichen Berufsgruppe sagt nichts über die absolute Güte des Arbeitsschutzes. Oder anders ausgedrückt: Wenn alle gleich schlecht sind, hilft das Benchmarking den Betroffenen überhaupt nicht.

2. Die Vergleichsdatensätze sind nicht homogen, sondern entstammen unterschiedlichen Erhebungen aus verschiedenen Jahren. Es kann also passieren, dass das eigene Unternehmen mit Werten verglichen wird, die bereits vor z. B. 5 Jahren ermittelt wurden. Die Datensätze sind kein synoptischer Überblick, wie es *jetzt* in der Berufsgruppe aussieht, sondern sie liegen unterschiedlich weit in der Vergangenheit. Meine Ist-Situation heute wird also mit solchen verglichen, die vielleicht gar nicht mehr aktuell sind. Hierdurch können falsch-positive oder falsch-negative Botschaften entstehen.

3. Der dritte Einwand ist grundsätzlicherer Natur: Die Gefährdungsbeurteilung ist kein Firmenwettbewerb für die Hochglanzbroschüren, sondern ein Erkenntnisinstrument, um Gesundheitsgefährdungen abzuwehren und somit ein Grundrecht zu sichern. Es ist letztendlich völlig egal, wo das eigene Unternehmen im Vergleich zu der Masse der gleichen Berufsgruppe liegt. Aus dieser Botschaft lassen sich keine konkreten Maßnahmen ableiten, aber darum geht es ja gerade.

Sieht man jedoch von den beschriebenen Problemen und ggf. Fehlanwendungen der Ergebnisse ab, sind Mitarbeiterbefragung ein wirkungsvolles Instrument, Gefährdungen durch psychische Belastungen zu erkennen, aber aufgrund hohen Datenaufkommens, komplexen Interpretationsbedarfes und damit einhergehender z. T. erheblicher Kosten nicht für alle Unternehmen geeignet.

2.2.4 Moderierte Verfahren

Moderierte Verfahren sind im Prinzip Gruppendiskussionen mit dem Ziel, psychische Gefährdungen zu erkennen und zu bewerten, sowie, wenn möglich, Maßnahmenoptionen zu erarbeiten. Sie bedienen sich dabei eines Leitfragebogens und werden von einem (i. d. R. externen) Moderator gesteuert und geleitet.

Beispielverfahren sind:

– Der Problemlöse-Workshop zu Sicherheit und Gesundheit im Betrieb der BG RCI
– Der Analyse- und Gestaltungsworkshop zur Analyse psychischer Belastungen des Institut für Gesundheitsförderung und Personalentwicklung Hannover
– Das MoVe-Verfahren der B.A.D GmbH
– Die Ideen-Treffen nach der DGUV Information 206-007.

Grundlage der moderierten Verfahren ist wie immer die Zusammenstellung des Analyseteams. Dieses sollte wie auch in den anderen Fällen bestehen aus Arbeitgeber- und Arbeitnehmervertreter, Fachkraft für Arbeitssicherheit, Betriebsarzt, ggf. externe fachkundige Person sowie – und das ist hier neu – den Mitarbeitern der zu beurteilenden Einheit oder Tätigkeit.

Geleitet werden die Diskussionen durch einen erfahrenen Moderator, der sowohl die Gespräche moderiert und lenkt, Hinweise und Tipps gibt, aber selbst keine Entscheidungen trifft. Diese sollen vollständig im Gremium erarbeitet werden und durch eine Verständigung aller Beteiligten eine hohe Akzeptanz erreichen. Abb. 27 stellt das Verfahren schematisch dar. Da häufig externe Dienstleister mit der Durchführung des moderierten Verfahrens beauftragt werden, sind die Moderatoren fast immer betriebsfremde Personen, die aber über eine ausreichende Ausbildung im Moderationswesen und in Bezug auf psychische Belastungen verfügen müssen.

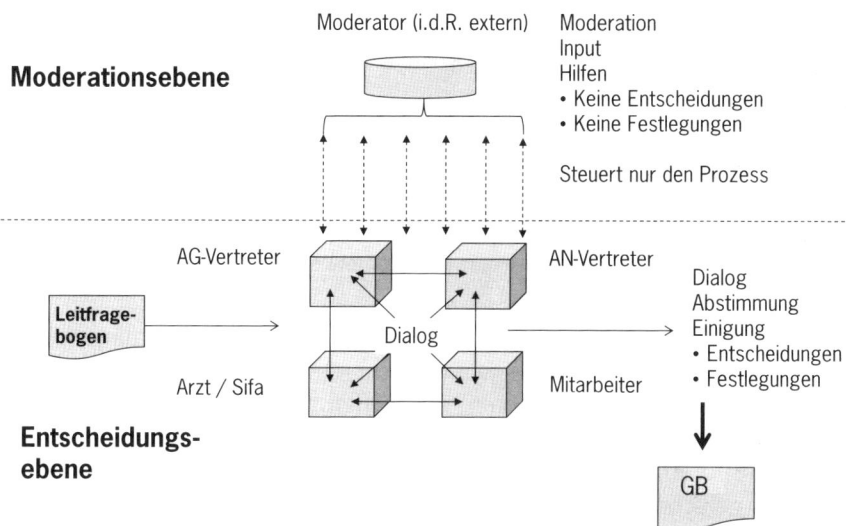

Abb. 27: *Prinzipdarstellung der moderierten Verfahren (AG = Arbeitgeber, AN = Arbeitnehmer, GB = Gefährdungsbeurteilung).*

Eine Ausnahme stellt das besonders für Kleinbetriebe erarbeitete Verfahren des Ideen-Treffs dar, bei dem in erster Linie an eine innerbetriebliche Umsetzung gedacht ist. In diesem Falle müssen ggf. die Moderatoren eine entsprechende Schulung durchlaufen.

Moderierte Verfahren weisen gegenüber den anderen Verfahren einige Vorteile auf:

- Sie sind relativ schnell durchzuführen,
- beteiligen die Mitarbeiter in ausreichender Weise, ohne eine hohe Zahl an Daten zu produzieren,
- erfordern i. d. R. keine nachgelagerten Feinanalysen,
- fördern bzw. intensivieren die Gesprächskultur und das gegenseitige Verständnis für die jeweiligen Positionen
- und können ohne Probleme als Modelle für spätere Treffen zur Wirkungsprüfung dienen.

Allerdings setzen sie wieder eine entsprechende Vertrauensbasis und eine im Wesentlichen konfliktfreie Betriebsatmosphäre voraus, um fruchtbare Gespräche und Diskussionen sicherzustellen. Betriebe, in denen es tiefgreifende Verwerfungen z. B. zwischen Betriebsrat und Geschäftsleitung gibt, werden moderierte Verfahren meist nicht mit Erfolg umsetzen können. Weitere Voraussetzungen sind auch Kompromissbereitschaft auf allen Seiten sowie die

Bereitschaft, in den Gesprächen zurückzustehen. Es sind keine Verfahren für „Platzhirsche" und Rangstreitigkeiten.

Die Einbindung der Mitarbeiter kann auf unterschiedliche Arten erfolgen:

1. Das Analyseteam/der Steuerkreis/die Vorgesetzten benennen die am Moderationsprozess teilnehmenden Mitarbeiter. Dieses Vorgehen ist weniger günstig, da zumindest bei Benennungen durch die Führungskraft rein theoretisch der Verdacht aufkommen könnte, es werden Mitarbeiter mit „angepassten" Meinungen beteiligt.

2. Die Führungskräfte ermuntern alle Teilnehmer einer Betrachtungseinheit, sich in den Prozess einzubringen, was sehr schnell zu einer unüberschaubaren Gruppengröße führen kann. Die Treffen können dann langatmig und wenig zielgerichtet verlaufen, da die Zahl von Einzelmeldungen sehr groß werden kann und auch der Moderator Schwierigkeiten haben wird, allen Seiten gerecht zu werden.

3. Die Mitarbeiter bestimmen selbst Repräsentanten, die sie in den Moderationsprozess schicken. Auch in diesem Fall kann es natürlich möglich sein, sehr gezielt Personen zu benennen, die bereits inhaltlich festgelegt sind. Allerdings ist in solchen Fällen zu fragen, ob ein moderiertes Verfahren noch sinnvoll ist, wenn es bereits in der Anfangsphase an entsprechender Ergebnisoffenheit fehlt.

Grundsätzlich kann aber der dritte Weg als die beste Variante betrachtet werden, auch wenn ggf. nicht auszuschließen ist, dass es hier in Ausnahmefällen zu „politischen" Entscheidungen kommt.

Die Gruppengröße sollte so bemessen sein, dass Diskussionen zwar ggf. kontrovers, aber insgesamt übersichtlich ablaufen. Die Zahl der Mitarbeitervertreter sollte der Größe entsprechen, die den Personen mit definierten Funktionen (ohne Moderator) entspricht. Wenn also z. B. eine Führungskraft, ein Betriebsratsmitglied, die Sifa, der Betriebsarzt als insgesamt 4 Funktionsträger auftreten, so sollte die Zahl der Mitarbeiter ebenfalls vier Personen nicht überschreiten. Allerdings bestimmen die steuernden Gremien selbst die Gruppengröße und die exakte Zusammensetzung, so dass hier verschiedene Varianten möglich sind. Dabei ist aber zu beachten, dass bei einem Überschreiten der Gruppengröße von 10–12 Personen die Diskussionen „schwergängig" werden können.

Da die Gefährdungsbeurteilung tätigkeitsbezogen erfolgen muss, sind im Vorwege die zu betrachtenden Arbeitssituationen ausreichend festzulegen. Dabei kann man sich der Möglichkeit bedienen, Arbeitsplätze gleichen Typs gemeinsam zu beurteilen (§ 5 Abs. 2 Satz 2), so dass sich die Zahl der zu betrachtenden Tätigkeiten deutlich reduziert. Es werden nicht Einzeltätigkeiten, sondern

„Arbeitsplatztypen" beurteilt. Jeder Arbeitsplatztyp erfordert ein eigenes moderiertes Verfahren, was in der Regel einen Arbeitstag benötigt. Bei dieser auf den ersten Blick sehr langen Zeit muss aber bedacht werden, dass es bei optimalem Verlauf keine weiteren nachgelagerten Prozesse gibt, was für alle anderen Verfahrenstypen zutrifft. Am Ende eines Moderationstages kann der Prozess mit gemeinsam abgestimmten Maßnahmenvorschlägen abgeschlossen werden.

Infobox

Zusammenfassung: Es existieren zurzeit vier wichtige Typen an Instrumenten, die je nach den Bedingungen in den Betrieben sowie mit Bezug auf den Erfahrungsstand eingesetzt werden sollten. Es gibt keine klaren Vorgaben oder gar Verpflichtungen auf das eine oder andere Instrument.

In Kleinbetrieben sind insbesondere orientierende Verfahren wie Checklistenverfahren oder das moderierte Verfahren des Ideentreffs sinnvoll.

In Großbetrieben werden i. d. R. Mitarbeiterbefragungen gemacht, obwohl diese nicht grundsätzlich erforderlich sind. Häufig verbieten sich jedoch Beobachtungsinterviews oder moderierte Verfahren aufgrund einer sehr hohen Mitarbeiterzahl. Eine durch externe Dienstleister und über digitale Medien gesteuerte Befragung und Datenauswertung kann hier deutlich effektiver sein. Außerdem sind Befragungen dann zu empfehlen, wenn es Probleme zwischen den Mitarbeitern und Führungskräften bzw. Funktionsträgern gibt, da hier eine besonders hohe Anonymisierung erreicht werden kann.

Beobachtungsinterviews und moderierte Verfahren fördern dagegen wahrscheinlich am stärksten den Dialog zu psychischen Belastungen im Unternehmen, setzen aber grundsätzlich eine gute Gesprächskultur, Vertrauen und die Bereitschaft, auf Anonymisierung zu verzichten, voraus.

Tabelle 11 listet wichtige Kriterien noch einmal auf.

2.3 Nachgelagerte Prozesse: Beurteilung und Maßnahmenableitung

Wie bereits mehrmals angedeutet, dienen die Analyseinstrumente (außer die moderierenden Verfahren) lediglich der Informationsermittlung und stellen noch keine Beurteilung oder ein Beurteilungsergebnis dar. Die Ergebnisse sind lediglich Rohdaten. Diese müssen in gesonderten Prozessen bewertet und

Tab. 11: *Stichwortartige Zusammenfassung der Vorteile und Nachteile bzw. Erfolgsbedingungen bei den vier vorgestellten Verfahrenstypen.*

Instrument	Vorteile	Nachteile/Erfolgsbedingungen
Checklistenverfahren	Günstig, schnell anzuwenden, keine externen Spezialisten erforderlich, kann auch als Sondierungsinstrument für tiefer gehende Analysen verwendet werden, basieren auf arbeitswissenschaftlichen Erkenntnissen, Maßnahmenableitung auf Basis der Arbeitssystembeobachtung möglich, besonders geeignet für Klein(st)betriebe.	Nur Orientierungsverfahren – Mitarbeitereinbindung gering und dabei sehr abhängig vom Beurteiler, tiefer gehende Genauigkeit fehlt, wenig Anreiz zu einem internen Diskussionsprozess bzgl. psychischer Belastungen, Beurteiler müssen Arbeitsschutzexperten sein und Betriebskenntnisse haben.
Beobachtungsinterviews	Screeningverfahren – Relativ schnell anwendbar, Mitarbeitereinbindung über „Repräsentanten" der beobachteten Arbeitsplätze, basierend auf arbeitswissenschaftlichen Erkenntnissen.	Für interne Anwender nur nach Schulung zugänglich, sonst externe Dienstleister, Nachfolgeworkshops in der Regel erforderlich, Voraussetzung ist gute Auswahl der beobachteten Tätigkeiten/Arbeitsplätze, Vertrauensverhältnis wichtig, da nicht anonym.
Mitarbeiterbefragungen	Screeningverfahren – Hohe Einbindung der Mitarbeiter und daher starke Akzeptanz, Gefühl der aktiven Mitwirkung, anonym, standardisierte, meist wissenschaftlich getestete Fragebögen, Vergleichbarkeit zwischen Tätigkeiten oder Organisationseinheiten möglich.	Meist nur über externe Dienstleister, relativ aufwändig und teuer, hohes Datenaufkommen, ggf. Interpretationsschwierigkeiten bei breiter Datenstreuung, nur sinnvoll, wenn nicht zu viele Befragungen im Unternehmen laufen, Nachfolgeprozesse zur Interpretation unumgänglich, Mindestgröße der Befragungseinheit sicherstellen.
Moderierte Verfahren (Analyseworkshops)	Screeningverfahren – Diskussionsprozess aller Beteiligten, Mitarbeitereinbindung durch Repräsentanten, relativ schnelle Umsetzung, Maßnahmenvorschläge werden im optimalen Falle bereits im Workshop erarbeitet, dadurch keine wesentlichen Folgeprozesse, Sonderform „Ideen-Treff" auch für Klein(st)betriebe geeignet.	Voraussetzung ist gute Gesprächskultur und Vertrauen, nicht anonym in Bezug auf die Workshopmitglieder, Auswahl der Arbeitnehmer kann kritisch werden, Rolle/Qualität des Moderators ggf. erfolgsentscheidend, Verzerrungen in Diskussionen nicht grundsätzlich auszuschließen.

beurteilt werden, was entweder im Analyseteam, im ASA, in sog. „Fokusgruppen" oder anderen ähnlich gelagerten Gremien erfolgt (Abb. 28).

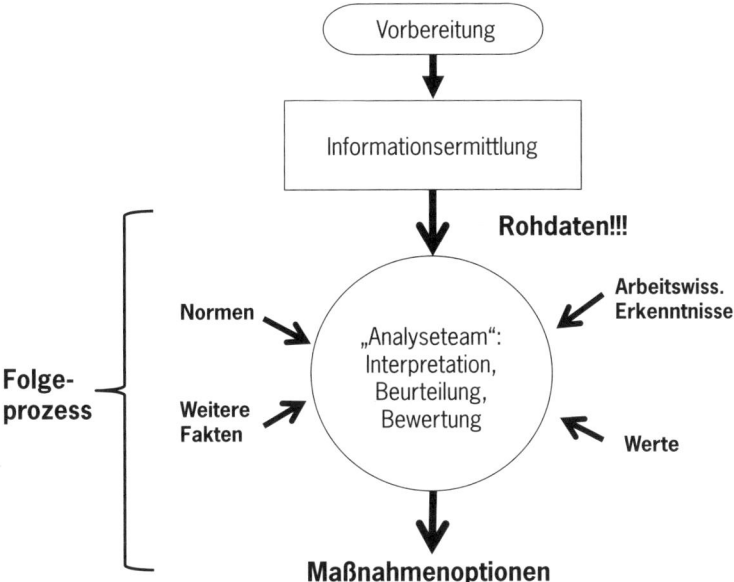

Abb. 28: *Die Instrumente liefern nur Rohdaten, deren Bedeutung unter Beachtung arbeitswissenschaftlicher Erkenntnisse, Werten, Betriebsbedingungen usw. im Analyseteam erschlossen werden muss. Dies ist die eigentliche Beurteilung.*

Dabei ist zu klären, welche Informationen auf eine Gefährdung hindeuten. Dies sollten begründbare und objektivierbare Aussagen sein. Die Anwendung von Ergebnissen wie in Tabelle 9 oder den Tabellen 3–6 können eine erste Hilfe sein.

Das generelle Problem ist aber, dass es für psychische Belastungen keine normierten Grenzwerte oder ähnliche feste, auf wissenschaftlicher Basis ermittelte Bezugsgrößen gibt.

Insofern muss die Bewertung, ob eine Gefährdung vorliegt, oder ob es zwar nicht optimale, aber nicht eigentlich gefährdende Arbeitsbedingungen sind, in einem umfassenden Diskussionsprozess erarbeitet werden.

Dabei müssen sich die Ergebnisse zwar auf die entsprechenden arbeitswissenschaftlichen Erkenntnisse stützen, aber auch die Häufigkeit bzw. Dauer, die betriebssozialen Randbedingungen, die Fähigkeiten der Mitarbeiter, die Beschäftigtenstruktur u. a. mit in die Beurteilung einbeziehen.

Es gibt keine Standardlösungen. Wenn man es so ausdrücken darf: Die Maßnahmen müssen in jedem Unternehmen eigens zusammenkomponiert werden, da sich die Strukturen in der Mitarbeitercrew, aber auch die Details der Arbeitsaufgaben unterscheiden.

Als Beispiel sei hier kurz auf die Frage hingewiesen, wie denn die Maßnahmen alters- und alternsgerecht ausgewählt werden sollen. Vor dem Hintergrund des demografischen Wandels werden die Verantwortlichen nicht umhinkommen, die Spezifitäten unterschiedlicher Altersgruppen zu berücksichtigen. Sowohl die physischen als auch die psychischen Fähigkeiten verändern sich mit zunehmendem Alter (z. B. Breutmann 2017), und zwar sowohl in sinkender als auch steigender Richtung, was mit den Begriffen der steigenden kristallinen und der sinkenden fluiden Fähigkeiten beschrieben wird.

Erstere umfassen Aspekte wie Erfahrung, Motivation, Selbststeuerungsfähigkeit u. a., wohingegen zweitere Reaktionsschnelligkeit, Kurzzeitgedächtnis, Konzentrationsfähigkeit usw. umfassen. Die im Nachgang zur Analyse einzurichtenden Maßnahmen müssen also die Altersgruppen dort unterstützen, wo die Leistungsfähigkeiten nicht mehr oder noch nicht auf dem Höhepunkt sind. Hierbei sind alle Facetten der alternsgerechten Gestaltung zu beachten (Adamy et al. 2017).

Ähnliche Differenzierungen sind aber auch in Bezug auf die soziale Stellung im Unternehmen, auf den jeweiligen Bildungsstand, die Komplexität der Arbeit usw. vorzunehmen. Maßnahmen von der „Stange", wie sie z. B. die Tabellen 3–6 auf den ersten Blick nahelegen, werden nicht greifen. Die in den Tabellen genannten Maßnahmen sind Wahlvorschläge für ein betriebsindividuell zusammengestelltes Maßnahmenmenu.

Grundsätzlich müssen die Maßnahmen aber der Abwehr von zwei unterschiedlichen Gefährdungstypen dienen:

1. Gefährdungen, die mit dem Arbeitssystem selbst verbunden sind und durch Gestaltungsmaßnahmen abwehrbar sind.
2. Gefährdungen, die aus einem Missverhältnis zwischen Vermögen bzw. Erwartungen der Mitarbeiter und der Tätigkeit entstehen. Hier müssen in erster Linie auf die Personen bezogene Maßnahmen abgeleitet werden.

In vielen Fällen entspringen negative Rückmeldungen der Mitarbeiter nicht dem eigentlichen Arbeitssystem, sondern sind Ausdruck eines „Misfits", einer Passungslücke, zwischen Tätigkeit und Mitarbeiter. Gerade die Ausreißer in der Abb. 25 könnten solche Personen sein, bei denen eine entsprechende Lücke besteht. Durch die Anonymisierung in den Befragungen wird aber eine entsprechende Hilfe erschwert. Die angesprochenen altersbedingten Unterschiede könnten eine Beispiel hierfür sein.

Die beiden kurz charakterisierten Gefährdungstypen begründen daher auch die doppelte Maßnahmenstrategie, nämlich die Verhältnis- und Verhaltensprävention. Nach dem Arbeitsschutzgesetz, § 4, sind aber zunächst Gefährdungen an der Quelle zu bekämpfen und technisch-organisatorische Maßnahmen priori-tär gegenüber personenbezogenen Maßnahmen, also Verhältnis- vor Verhal-tensprävention. Dieses Konzept geht bei psychischen Belastungen nicht immer auf, denn den theoretischen Optionen stehen häufig Restriktionen entgegen (Abb. 29), wie sie etwa durch die Natur der Tätigkeiten oder den notwendigen Ausformungen des Arbeitssystems gegeben sein können.

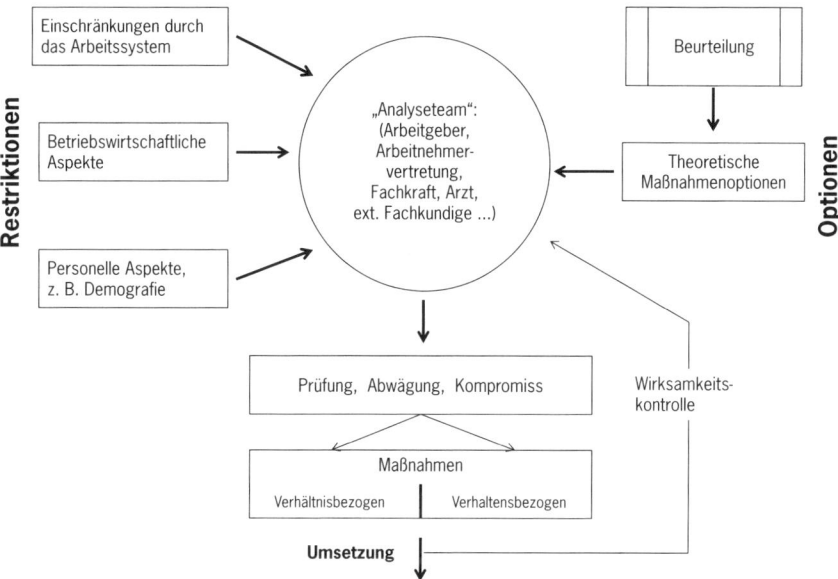

Abb. 29: *Nach der Beurteilung erfolgt die Maßnahmenableitung, wobei theoretische Optionen und betriebliche Restriktionen zu beachten sind.*

Betreuer von psychisch erkrankten Personen, Pflegekräfte, Lehrkräfte u. a. werden der Aufgabe entsprechend immer einer hohen emotionalen Belastung ausgesetzt. Dies lässt sich in dem Arbeitsbereich weder durch technische noch durch rein organisatorische Maßnahmen beheben. In solchen Fällen sind auch verhaltenspräventive Maßnahmen zulässig und erforderlich. Das gilt aber nicht für ein zu schnell laufendes Fließband.

Restriktionen können sich auch aus wirtschaftlichen Erwägungen ergeben, wenn mit geringerem finanziellem Aufwand gleich gute (!) Lösungen gefunden werden können. Zu beachten sind ggf. auch Akzeptanzprobleme für Mitarbei-ter bei bestimmten Schutzmaßnahmen, vor allem dann, wenn diese als diskri-minierend empfunden werden könnten (etwa, wenn besondere Arbeiten nur durch Männer durchgeführt werden sollen, obwohl es keinen biologischen Grund dafür gibt). Nicht zuletzt sind z. B. auch demografische Tatsachen zu bedenken.

Die Ableitung der Maßnahmen erfordert daher erneut einen eingehenden Diskussionsprozess zwischen allen Beteiligten, um aus den möglichen Optionen die für die Mitarbeiter günstigsten Varianten bei gleichzeitiger Berücksichtigung der Restriktionen auszuwählen und umzusetzen.

3. Maßnahmen und Wirksamkeitsprüfung

Das Arbeitsschutzgesetz fordert im § 3 das Ergreifen und Umsetzen von Maßnahmen sowie die Prüfung der Maßnahmen auf deren Wirksamkeit.

> Maßnahmen können im Kontext des Arbeitsschutzes auf drei verschiedenen Ebenen umgesetzt werden:
>
> 1. Statische Einzelmaßnahmen am Arbeitssystem
> 2. Dynamische Maßnahmensteuerung im Rahmen von kontinuierlichen Verbesserungsprozessen
> 3. Maßnahmenoptimierung durch Organisationsentwicklung.

3.1 Statische Einzelmaßnahmen am Arbeitssystem

Hierbei handelt es sich um die konkreten Maßnahmen, die zunächst am Arbeitssystem in Reaktion auf die Ergebnisse der Gefährdungsbeurteilung eingeleitet, auf Wirksamkeit geprüft und dann nicht weiter verfolgt werden. Dies kommt in der Praxis leider recht häufig vor und ist erstens kurzsichtig und zweitens nicht rechtskonform.

Grundsätzlich sind aber die Einzelmaßnahmen immer die Basis gesunder Arbeitsgestaltung. Entscheidend für Langzeiterfolge ist aber der weitere Umgang mit den Maßnahmen. Dabei kommen je nach den Erfordernissen sowohl verhältnispräventive als auch verhaltenspräventive Maßnahmen zu Einsatz.

Verhältnispräventiv können z. B. sein:

– Optimierung des Arbeitssystems und der Aufgabenorganisation bzgl. Handlungs- und Entscheidungsspielräumen

– Diversifikation/Anreicherung von monotonen Aufgaben

– Arbeitsmenge und/oder Zeitregime der Arbeit reduzieren

– Zeitliche Entkoppelungen von belastenden Tätigkeiten

– Verteilung der kritischen Tätigkeiten auf mehrere Personen, so dass die jeweiligen Belastungen unterschwellig bleiben

— Maßnahmen zur Reduktion von Störungen und Unterbrechungen

— Optimierung des Informationsflusses

— Einbindung zusätzlicher Mitarbeiter

— Zusätzliche Pausen

— Vermeidung „klassischer" Unfall-/Gesundheitsgefahren (Lärm, Gefahrstoffe, ...)

Verhaltenspräventive Maßnahmen wären z. B.

— Trainings im Umgang mit Stress

— Führungskräftetrainings bzgl. Führungsstil

— Selbstsicherheitstrainings

— Präventive Coachingmaßnahmen

— Schulungen zum Zeitmanagement

— Schulung zur Optimierung der Selbstorganisation am Arbeitsplatz

— Kommunikationstrainings

— Organisation von systematischen Hilfsangeboten (z. B. für traumatische Erlebnisse, „Belastungssprechstunden", individuelle Coachings)

Eine Zuordnung von möglichen Maßnahmen zu den einzelnen Gefährdungsaspekten ist in den Tabellen 3–6 gegeben.

Diese Maßnahmen lassen sich mit unterschiedlichem Aufwand und mit unterschiedlichen Zeithorizonten des Wirksamwerdens nach Abstimmung im Analyseteam/im ASA usw. einführen. Sie sollten zu einer Verbesserung der Arbeitssituation beitragen.

Können Sie dies aber auch dauerhaft sicherstellen? In der Regel nicht. Statische Einzelmaßnahmen beseitigen Probleme für den Moment, aber sie können nicht ein zeitlich stabil sicheres Arbeitssystem garantieren. Die Maßnahmensteuerung muss im Rahmen kontinuierlicher Verbesserungsprozesse dynamisiert werden. Die Einzelmaßnahmen sind zwar die Grundlage der Verbesserungen, aber sie müssen immer erneut auf den Prüfstand.

3.2 Dynamische Maßnahmensteuerung und Wirkungsprüfung

Das Arbeitsschutzgesetz und seine nachgelagerten Verordnungen, die DGUV Vorschriften 1 und 2 sowie das Arbeitssicherheitsgesetz fordern kontinuierliche Verbesserungsprozesse, auch wenn dies nicht wirklich explizit niedergeschrieben ist.

Die Grundlage dafür sind einerseits die Wirkungsprüfungen und die Überprüfung der Gefährdungsbeurteilung:

> Die beschlossenen und umgesetzten Maßnahmen werden nach Einführung auf ihre Wirksamkeit geprüft und ggf. korrigiert. Diese Prüfungen sind aber nicht einmalig durchzuführen, sondern in festgelegten Zeitabständen zu wiederholen, so dass sich eine regelmäßige Kontrolle und ggf. Anpassung der Maßnahmen ergibt.
>
> Neben diesem Maßnahmenmonitoring muss auch bedarfsorientiert oder nach bestimmten Zeitabständen die Gefährdungsbeurteilung selbst auf den Prüfstand, um festzustellen, ob die einstmals ermittelten Gegebenheiten noch zutreffen.

Anlässe für die Aktualisierung/Überprüfung der Gefährdungsbeurteilung sind z. B.

- Änderungen im Arbeitssystem, der Handlungsabläufe und Tätigkeitsprofile bzw. der Arbeitsverfahren allgemein
- Änderungen des Zeitregimes der Tätigkeiten, z. B. Schichtpläne, Nachtarbeit, Bereitschaftsdienste u. a.
- Nach potenziell traumatisierenden Ereignissen und anderen psychischen Notfällen, wenn ein Zusammenhang mit der Arbeit nicht auszuschließen ist
- Wenn Informationen vorliegen, die ggf. in der Gefährdungsbeurteilung nicht oder nicht ausreichend berücksichtigt wurden/werden konnten. Z. B. neue arbeitswissenschaftliche oder medizinische Erkenntnisse zu Folgen psychischer Belastungen, Änderung des wissenschaftlichen Kenntnisstandes zu Gestaltungsmaßnahmen usw.
- Wenn Mängel in der Wirksamkeit der Maßnahmen festgestellt wurden, ist zumindest zu prüfen, ob ein Fehler in der Beurteilung vorlag oder die Maßnahmen „nur" nicht (sachgerecht) umgesetzt wurden
- Ohne Anlass nach Ablauf eines festgelegten Zeitraums („Routineprüfung").

Der letzten Punkt ist deshalb notwendig, weil sich Änderungen im Arbeitssystem, in der Personalstruktur oder anderen wichtigen Bedingungen schleichend und allmählich vollziehen können, ohne gleich einem der oben genannten Anlässe zu entsprechen. Das typische Beispiel ist die älter werdende Belegschaft. Die Systeminteraktionen könnten sich ändern, auch wenn es technisch-organisatorisch gar keine Verschiebungen gibt.

Infobox

Die Wirkungsprüfung umfasst drei Ebenen, die mit englischen Begriffen belegt sind:

Output-Ebene: Auf dieser niedrigsten Stufe wird geprüft, ob die beschlossenen Maßnahmen überhaupt durchgeführt sind. Es handelt sich um eine eher formale Prüfung der Umsetzung und weniger um eine Prüfung der Wirkung der Maßnahme.

Outcome-Ebene: Auf dieser Ebene geht es darum, zu prüfen, ob die ergriffenen Maßnahmen auch zu einer Reduktion oder Anpassung der Belastung beigetragen haben und somit wirksam in Bezug auf das Ziel eines möglichst optimalen Belastungsprofils sind. Dies ist die eigentliche Wirksamkeitsprüfung nach dem Arbeitsschutzgesetz § 3.

Impact-Ebene: Auf der Impact-Ebene wird untersucht, ob sich die Maßnahmen in reduzierten Gesundheitsbeeinträchtigungen, Krankheiten usw. auswirken. Hierfür sind in der Regel besondere wissenschaftliche Erhebungen notwendig, so dass dies nicht im Bereich des betrieblichen Arbeitsschutzes angesiedelt ist. Die Ergebnisse von Impact-Untersuchungen gehen als arbeitswissenschaftliche Erkenntnisse in das betriebliche Gestaltungshandeln ein, werden aber nicht selbst im Betrieb ermittelt.

Für die betriebliche Wirkungsprüfung sind somit nur die Output- und die Outcome-Ebene interessant. Diese Unterscheidung, die es sonst im Arbeitsschutz nicht gibt, ist den deutlich verlängerten Zeitspannen zwischen Einführung von Maßnahmen und deren (positive) Auswirkungen geschuldet. Anders als z. B. bei Maschinen, wo ggf. der Einbau eines Teils die gewünschten Effekte von „jetzt auf gleich" bringt, benötigen Verbesserungen im Bereich der psychischen Belastungen Zeit. Einen häufigen Fehler, den der Autor in vielen Betriebsvereinbarungen gefunden hat, sind zu eng bemessene Zeiträume bei der Wirkungsprüfung. So wird schon mal die Wirkungsprüfung drei Monate nach der Gefährdungsbeurteilung angesetzt, was in der Regel viel zu kurz ist.

Ein verändertes Arbeitssystem wird nicht sogleich fühlbar die Belastungen reduzieren, denn die Mitarbeiter müssen sich z. B. in neue Prozessabläufe erst hineinfinden und Maßnahmen, die auf der Verhaltensebene ansetzen, benötigen eine noch längere Wirkzeit. Eingeschliffene Verhaltensweisen ändern wir alle nur sehr langsam. Es wäre vermessen, anzunehmen, dass z. B. Trainings zu mitarbeiterorientierter Führung bereits nach wenigen Monaten Erfolg haben werden. Bis zur vollen Entfaltung neuer Einstellungen und Verhaltensweisen können ggf. Jahre vergehen.

Deshalb muss im Analyseteam/dem ASA etc. eine realistische Zeitstruktur für die Wirksamkeitsprüfungen festgelegt werden, wobei durchaus zwischen Output- und Outcome-Ebene unterschieden werden kann. Es spricht also nichts dagegen, z. B. nach drei Monaten zu prüfen, ob die festgelegten Maßnahmen überhaupt eingeleitet wurden, der eigentliche Test auf Wirksamkeit erfolgt jedoch erst nach neun Monaten, also sechs Monate nach Umsetzung der Maßnahmen.

Im Sinne einer dynamischen Maßnahmensteuerung kann es natürlich nicht bei dieser einen Wirkungsprüfung belassen werden. Es sind im Rahmen der Maßnahmenableitung Zyklen regelmäßiger Wirkungsprüfungen festzulegen, die geeignet sind, den Fortbestand des Erreichten zu sichern und zu monitoren (Abb. 30). Hier könnte ein Wiederholungszeitraum von einem Jahr günstig sein. Bei Abweichungen bzw. der Feststellung, dass Maßnahmen auf einmal nicht mehr wirksam sind, wäre als nächstes zu prüfen, ob in der Durchführung der Maßnahmen Fehler aufgetreten sind (z. B. dass notwendige Unterweisungen nicht mehr erfolgen) oder ob es zu Veränderungen im Arbeitssystem gekommen ist. Die Konsequenz wäre ggf. eine anlassbezogene Überprüfung oder Aktualisierung der Gefährdungsbeurteilung.

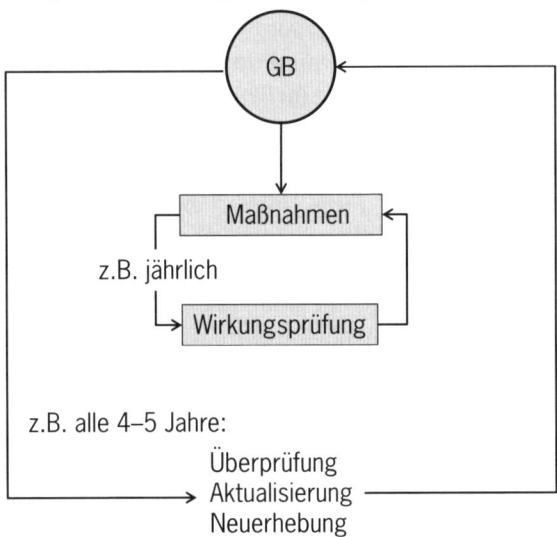

Abb. 30: *Darstellung des zyklischen Ablaufs der Wirkungsprüfungen und der Aktualisierungen der Gefährdungsbeurteilung (GB).*

Auch die Routinewiederholung der Gefährdungsbeurteilung sollte in nicht zu engen Abständen erfolgen, damit sich die Maßnahmenentfaltung nicht mit der neuen Beurteilung überschneidet. Außerdem ist die Beurteilung ein aufwändiger Prozess, der viele Mitarbeiter bindet und auf seine Weise auch gewisse „Unruhe" in den Betrieb bringt. Das ist nicht häufiger als nötig erforderlich.

Deshalb seien folgende Vorschläge zur Zeitstruktur gemacht:

– Wirkungsprüfung auf Umsetzung der Maßnahmen (Output): ca. 3–6 Monate nach Abschluss der Beurteilung je nach Komplexität.

- Prüfung auf sachliche Wirksamkeit (Outcome): 6–12 Monate nach Umsetzung der Maßnahmen („Output-Erfüllung")
- Dabei sollten Maßnahmen der Verhaltensprävention mit längeren Zeiträumen belegt werden als solche der Verhältnisprävention
- Regelüberprüfung der Wirksamkeit (Outcome): Etwa alle 12 Monate nach Abschluss der ersten Wirkungsprüfung
- Wiederholung der Gefährdungsbeurteilung (Routine): Alle 4–5 Jahre.

Eine Überprüfung/Aktualisierung der Gefährdungsbeurteilung aus bestimmten Anlässen heraus unterliegt natürlich nicht dieser Zeitstruktur.

Wie soll aber die Wirksamkeit (Outcome) ermittelt werden? Hierfür gibt es verschiedene Ansätze, wobei deutlich gesagt werden muss, dass es sich nicht um eine Wiederholung der Beurteilung handelt und es auch nicht günstig ist, hierfür die gleiche Methode zu wählen, die bereits in der Gefährdungsbeurteilung angewendet wurde.

Nehmen wir an, die Beurteilung wurde über eine COPSOQ-Mitarbeiterbefragung gemacht, so ist es wenig hilfreich, die gleiche Befragung ein dreiviertel Jahr später zu wiederholen. Vor allem dann, wenn die spätere Regel-Wiederholung der Beurteilung auch mit COPSOQ gemacht werden soll. Die Mitarbeiter „ertrinken" dann in Befragungen, was sich negativ auf die Akzeptanz auswirkt.

Es kann zwischen den folgenden Ansätzen zur Wirkungsprüfung auf der Outcome-Ebene gewählt werden:

- Kurzbefragungen im Sinne von Rückmeldegesprächen oder nicht geregelten Interviews am Arbeitsplatz
- Schriftliche Kurzbefragungen über Feedbackbögen, aber nur bezogen auf die am Arbeitsplatz eingeführten Maßnahmen
- Workshops oder Teilbetriebsversammlungen
- Feedbacks, die innerhalb der Regelkommunikation eingeholt werden (z. B. Teambesprechungen)
- Betrachtungen des geänderten Arbeitssystems über Checklisten wo anwendbar
- u. a.

Bezüglich der Wiederholung der Gefährdungsbeurteilung oder ihrer Überprüfung sei darauf hingewiesen, dass es nicht erforderlich ist, immer die gleiche Methode zu verwenden. Es können und dürfen auch verschiedene Methoden eingesetzt werden. Bei Änderungen in den betrieblichen Gegebenheiten kann dies u. U. sogar erforderlich sein.

Im Rahmen der Maßnahmenableitung müssen – neben Rahmendaten wie Beteiligte, Verfahren etc. – durch das Analyseteam/den ASA usw. folgende Angaben gemacht und nach § 6 ArbSchG auch durch den Arbeitgeber dokumentiert werden:

1. Die Art der Gefährdung und deren mögliche Auswirkungen

2. Die Maßnahme(n) zur Abwehr der Gefährdung

3. Zeitplan zur Umsetzung

4. Art und Weise sowie Zeitpunkt/Zeitraum der Wirkungsprüfung

5. Ergebnis der Wirkungsprüfung

6. Zeiten/Methoden von regulären Folge-Wirkungsprüfungen.

Die Ergebnisse der Folgeprüfungen müssen nicht in der Gefährdungsbeurteilung dokumentiert werden, sondern können separat gelistet sein. Die Gefährdungsbeurteilung ist kein Dokumentationstool für regelhafte Prüfungen im Betrieb. Allerdings sollten die Dokumente – um eine Formulierung der Gefahrstoffverordnung aufzugreifen – „vorzugsweise zusammen" mit der Dokumentation der Gefährdungsbeurteilung aufbewahrt werden.

3.3 Maßnahmenoptimierung durch Organisationsentwicklung

Eine tiefer gehende Integration von Maßnahmen zum allgemeinen Arbeits- und Gesundheitsschutz, inkl. der psychischen Belastungen, kann sich über eine durchgreifende Veränderung der Organisationstruktur und der Interaktionen im Unternehmen ergeben.

Grundlage dafür ist die ggf. völlig neue Ausrichtung eines Unternehmens unter geänderten Zielvoraussetzungen. Für viele Unternehmen ist eine nachhaltige Unternehmenssicherung bedeutsamer als kurzfristige wirtschaftliche Erfolge. Dabei stellen gesunde Arbeitsbedingungen und die Gesundheit der Mitarbeiter einen wesentlichen Unternehmenswert dar. Dies umso mehr, weil qualifizierte Mitarbeiter mit hoher Firmenidentifikation und daher auch einer langen Unternehmensverbundenheit immer schwieriger zu bekommen sind. Generell liegt seit Jahren eine hohe emotionale Bindung an das Unternehmen bei lediglich 15 % (Anonym 2017) der Mitarbeiterschaft vor, was bei dem allgemein zu beobachtenden Fachkräftemangel zu gering ist.

Unternehmen sind daher bereit, Fragen der Gesundheit nicht nur in den dafür bisher benannten Gremien zu belassen, sondern die gesamte Unternehmenspolitik auf dieses Ziel auszurichten und die Arbeitsfähigkeit langfristig für alle

Mitarbeiter zu sichern – zum beiderseitigen Nutzen. Der Unterschied zum „klassischen" Arbeitsschutz besteht dabei vor allem darin, dass sich die Angebote und Maßnahmen nicht allein auf den engeren Arbeitskontext beschränken, sondern auch das persönliche Wohlergehen des Einzelnen mit in den Blick nehmen und auch private Probleme über betriebliche Strukturen auffangen helfen.

Elemente dieser Unternehmensausrichtung können dabei gesetzlich definierte Leistungen wie z. B. der Arbeitsschutz nach dem Arbeitsschutzgesetz, das Betriebliche Eingliederungsmanagement (BEM) nach SGB IX oder die Verschränkung arbeitsmedizinischer Fachkunde mit den Krankenkassen nach dem Präventionsgesetz sein, es können aber auch freiwillige Leistungen wie z. B. EAP-Programme oder Maßnahmen zur individuellen oder betrieblichen Gesundheitsförderung und zu bewusstem Gesundheitsverhalten sein.

Infobox

EAP (Employee Assistance Programme) sind meist firmenexterne Sozialberatungsleistungen, die Mitarbeiter bei privaten und arbeitsbezogenen Problemen unterstützen. Weitere Elemente können Fortbildungen, Trainings und andere Maßnahmen zur Kompetenzsteigerung der Mitarbeiter sein, die Stellung von Konfliktbeauftragten und eine entsprechende Ausrichtung von Führungsverhalten und Führungsgrundsätzen sein. Diese Elemente sind nicht unbedingt alle neu, aber der Ansatz ist, diese miteinander zu verknüpfen und durch eine entsprechende Änderung der Unternehmensorganisation als allgemeines Leitprinzip zu implementieren und z. B. durch eine angepasste Personal- und Einstellungspolitik oder eine entsprechende Einkaufsstrategie auch in Ebenen zu tragen, die traditionell eher weniger mit dem Gesundheitsschutz zu tun hatten.

Um diesen Prozess einzuleiten, ist es häufig sinnvoll, anhand entsprechender Instrumente, etwa eines Organisationskompasses, die wesentlichen Fixpunkte der zukünftigen Entwicklung festzulegen, wobei jeweils von einem zentralen Sinn ausgegangen wird (siehe Abb. 31 und Tab. 12).

Abb. 31: *Schema eines Organisationskompasses wie er als Instrument der Organisationsent-wicklung in Unternehmen zur Anwendung kommt. Eine beispielhafte Füllung der Felder findet sich in Tab. 12.*

Ausgehend von der Sinnfindung wird dann gefragt, welche unverrückbaren Eckpunkte im Unternehmen in Bezug auf die Sinnerfüllung („Grundlagen-werte") außerhalb jeder Diskussion stehen. In unserem Beispiel sind es die Maximen, dass die Mitarbeiter als Geschäftspartner und nicht als Abhängige gesehen werden, dass die Führung stringent mitarbeiterorientiert agieren soll und dass die wirtschaftlichen Interessen den Gesundheitsaspekten nicht im Wege stehen dürfen. Auf diesen Grundlagen aus Sinn und Werten werden dann strategische Ziele genauer beschrieben, dann geprüft, welche inner- und außerbetrieblichen Stellen, Organisationen oder Personen einzubeziehen sind („Gemeinschaft") und letztendlich die zu veranlassenden Maßnahmen im Gro-ben festgelegt („Management").

Das Oberziel besteht damit darin, ein „gesundes" und resilientes Unterneh-men zu schaffen, in dem die diversen Teilaspekte vernetzt sind, und auch so moderne Themen wie Inklusion, Chancengleichheit, Work-Life-Balance und die Vereinbarkeit von Beruf und Familie mit integriert sind (Abb. 32).

Tab. 12: *Vereinfachtes Beispiel für die „Füllung" eines Organisationskompasses*

Fokus	Ausgestaltung
Sinn und Zweck	Förderung und Erhalt von Gesundheit, Wohlbefinden und Arbeitsfähigkeit der Mitarbeiter zur Sicherung ihrer positiven Work-Life-Balance, ihrer Unternehmensbindung sowie des Unternehmenserfolges durch gesunde Arbeitsbedingungen in physischer, psychischer und sozialer Hinsicht.
Grundlagenwerte	– Mitarbeiter als Partner, nicht als Abhängige – Mitarbeiterorientierte Führung – Gesundheit vor wirtschaftlichen Interessen
Ziele, Strategie	– Minimierung von Gefährdungen/Optimierung von Belastungen – Alternsdynamische Arbeitsgestaltung („Demografiefestigkeit") – Förderung gesundheitsgerechten Verhaltens – Unterstützung der Mitarbeiter auch in sozialen Fragen – u. a.
Gemeinschaft	– Verschränkung relevanter Abteilungen/Funktionen im Unternehmen: Leitungsebene, Betriebsrat, Personalmanagement und -recruiting, Arbeits- und Gesundheitsschutz, Controlling und Einkauf u. a. – Einbeziehung externer Stellen: Krankenkassen, Unfallversicherungsträger, Rehabilitationseinrichtungen, EAP-Dienstleister, BGM-Berater u. a.
Management, Umsetzung	– Arbeitsschutz: Gefährdungsbeurteilung, Maßnahmen usw. – Betriebsärztliche Vorsorge – Aufbau eines Betrieblichen Gesundheitsmanagements – Einrichtung von EAP-Programmen/Schaffung interner Ansprechstellen für soziale Probleme – Konfliktmanagement und -unterstützung – Vermittlung zu Therapie- und Reha-Einrichtungen – Betriebliches Eingliederungsmanagement (BEM) – Maßnahmen zur betrieblichen Gesundheitsförderung (z. B. Betriebssportgruppe, Ernährungsberatung, Rückenschule) – Gemeinsame Freizeitangebote, regelmäßige Betriebsfeiern – u. a.

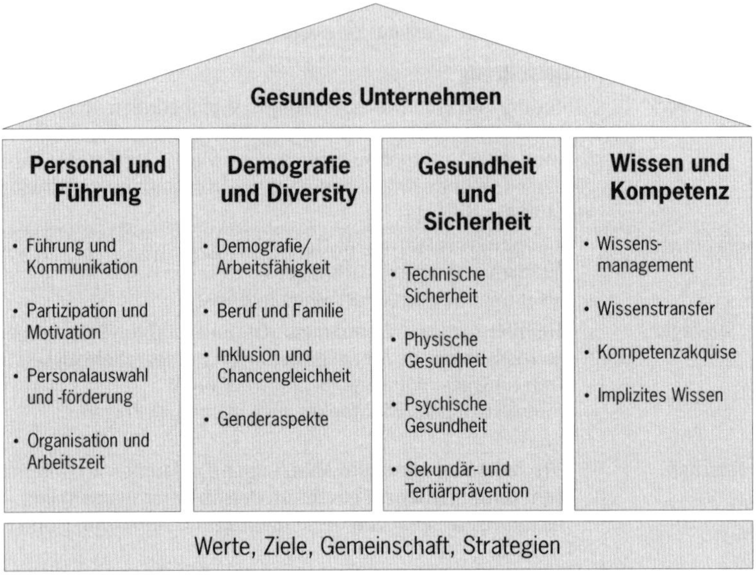

Gesundes Unternehmen

Personal und Führung	Demografie und Diversity	Gesundheit und Sicherheit	Wissen und Kompetenz
• Führung und Kommunikation	• Demografie/ Arbeitsfähigkeit	• Technische Sicherheit	• Wissens- management
• Partizipation und Motivation	• Beruf und Familie	• Physische Gesundheit	• Wissenstransfer
• Personalauswahl und -förderung	• Inklusion und Chancengleichheit	• Psychische Gesundheit	• Kompetenzakquise
• Organisation und Arbeitszeit	• Genderaspekte	• Sekundär- und Tertiärprävention	• Implizites Wissen

Werte, Ziele, Gemeinschaft, Strategien

Abb. 32: *Moderne Unternehmen vernetzen die Aspekte verschiedener Sparten und Aufgabenbereiche, z. B. im Rahmen eines Betrieblichen Gesundheitsmanagements, und erzeugen dadurch für das Unternehmen und die Mitarbeiter einen gesundheitlichen Mehrwert. Die Ergebnisse und Maßnahmen der Gefährdungsbeurteilung(en) durchdringen daher alle Bereiche.*

Dieser Prozess ist in der Regel eine längerfristige Annäherung, der Zeit benötigt und durchaus behutsam eingeführt werden muss. Nicht alle Mitarbeiter können sich gleich damit identifizieren und eine zu schnelle und „gewaltsame" Einführung wird selbst zur psychischen Belastung. Auch wird es nicht immer ohne personelle Schnitte abgehen können, da nicht alle leitenden und das Unternehmen repräsentierenden Positionsträger dem Wandel gewachsen sind. Der Weg kann durchaus zunächst durch ein Tal führen. Auf der anderen Seite muss kritisch angemerkt werden, dass häufig „gesunde Unternehmen" eher auf dem Papier existieren und die tatsächlichen Bedingungen weit von dem selbst beschriebenen Ideal entfernt sein können. Gesunde Arbeitsbedingungen sind vor allem ein Ergebnis von Einstellungen, Charaktereigenschaften und menschlichem Umgang und erst in zweiter Linie ein Organisationsprodukt.

Wo bleiben jetzt aber unsere Maßnahmen? Selbstverständlich wird es auch in einem auf diese Weise neu aufgestellten Unternehmen Maßnahmen am Arbeitsplatz geben und selbstverständlich sind diese weiterhin dynamisch zu steuern. Aber sie werden in einen anderen Kontext eingebettet sein, so dass sie eine viel höhere Akzeptanz haben. Die Gefährdungsbeurteilung und die Maßnahmenableitung werden wichtige Bestandteile des gesunden Unternehmens bleiben, zu der die technische Sicherheit genauso gehört wie die Unterstützung bei der Bewältigung persönlicher Krisen. Denn es ist klar, dass alle schönen Programme zur Farce werden, wenn es in der Werkshalle zu einer Explosion mit fünf Toten kommt, weil die sicherheitstechnische Basisarbeit vernachlässigt wurde. Auch ein Burnout bei Büromitarbeitern wird die Frage aufwerfen, wie denn das Wort „Gesunde Organisation" verstanden werden soll.

Die Chance der klassischen Arbeitsschutzmaßnahmen besteht dabei in viel stärkerem Maße, sie als Mittel der aktiven Prävention und als integrale Systembestandteile und nicht nur als notwendige Reparaturen aufgrund gesetzlicher Grundlagen wahrzunehmen.

4. Vorbeugen statt Heilen: Prävention

Grundsätzliches Ziel des Arbeitsschutzes und des Betrieblichen Gesundheitsmanagements ist es, Maßnahmen zu ergreifen, die Unfälle oder Erkrankungen von vornhinein verhindern. Dies ist unter dem Begriff „Prävention" allgemein bekannt. Allerdings gibt es verschiedene Formen der Prävention, wobei der Begriff auch auf solche Fälle ausgeweitet wird, bei denen Unfälle und Erkrankungen eingetreten sind oder möglicherweise dabei sind einzutreten. Je nach der Ausformung wird zwischen Primär-, Sekundär- und Tertiärprävention unterschieden.

4.1 Betriebliche Primärprävention

Die Primärprävention umfasst alle Maßnahmen, die im Vorwege geeignet sind, nicht erwünschte Zustände, also Unfälle, Erkrankungen, psychische Störungen usw., durch Maßnahmen des Arbeits- und Gesundheitsschutzes abzuwehren.

Dies beinhaltet z. B. die Gefährdungsbeurteilung, die daraus folgenden Maßnahmen, die Wirkungsprüfungen, aber auch die nach dem Arbeitssicherheitsgesetz vorgesehenen regelmäßigen Betriebsbegehungen, arbeitsmedizinische Vorsorgen nach der Verordnung zur arbeitsmedizinischen Vorsorge u. a. (Abb. 33).

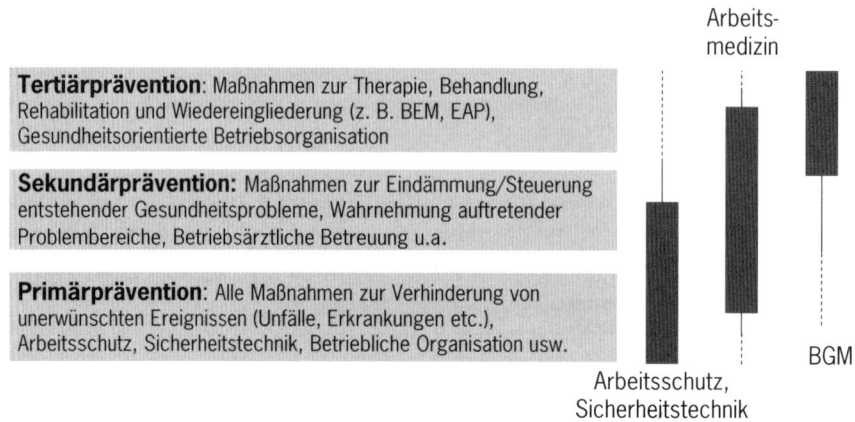

Tertiärprävention: Maßnahmen zur Therapie, Behandlung, Rehabilitation und Wiedereingliederung (z. B. BEM, EAP), Gesundheitsorientierte Betriebsorganisation

Sekundärprävention: Maßnahmen zur Eindämmung/Steuerung entstehender Gesundheitsprobleme, Wahrnehmung auftretender Problembereiche, Betriebsärztliche Betreuung u.a.

Primärprävention: Alle Maßnahmen zur Verhinderung von unerwünschten Ereignissen (Unfälle, Erkrankungen etc.), Arbeitsschutz, Sicherheitstechnik, Betriebliche Organisation usw.

Arbeits-medizin

Arbeitsschutz, Sicherheitstechnik

BGM

Abb. 33: *Darstellung der drei Präventionsformen und der heutzutage typischerweise damit befassten Berufsfelder. Dicke Balken symbolisieren die jeweiligen Kernkompetenzen, durchgezogene Linie die gelegentliche, gestrichelte Linien die seltene Mitwirkung. Erst das Zusammenwirken aller drei Kompetenzbereiche ermöglicht auf Dauer gesunde Arbeitsbedingungen.*

Typischerweise spielen bei dieser Präventionsform die Fachkraft für Arbeitssicherheit und der Betriebsarzt eine wesentliche Rolle, wobei gerade im Bereich der psychischen Belastungen ggf. externe oder interne fachkundige Personen hinzugezogen werden können.

Ein wichtiger Teil der Primärprävention ist auch die Unterweisung bzw. Schulung der Mitarbeiter, wobei hier nicht nur Anweisungen erfolgen sollen, sondern auch ein Verstehen der Zusammenhänge gefördert werden muss. Nur das, was wirklich verstanden wurde, erreicht die Akzeptanz, die in ein aktives Präventionsverhalten einmündet.

Dies gilt auch für die psychischen Aspekte der Arbeit. So ist es notwendig, psychische Auswirkungen sowohl in positiver als auch in negativer Hinsicht zu kommunizieren. Dabei wäre insbesondere darauf hinzuwirken, dass psychische Störungen und Erkrankungen nicht stigmatisiert oder als Krankheiten dargestellt werden, die irgendwie „unanständig" oder „unheimlich" sind. Die Betriebsverantwortlichen einschließlich der Mitarbeitervertretung sollten deutlich machen, dass es sich um völlig normale Gesundheitsprobleme handelt, wobei hier aber eben nicht z. B. die Leber betroffen ist, sondern das Nervensystem und die diversen korrespondierenden physiologischen Reaktionen.

Die Primärprävention umfasst aber auch Tipps und Ratschläge zum Umgang mit betrieblichen Kommunikationsmedien wie Handy oder Email, zur Selbstbeachtung von Ruhe- und „Abschaltzeiten" und andere Verhaltensmaßnahmen, die ggf. auch in der Freizeit dafür sorgen, dass nicht abwendbarer betrieblicher Stress in sinnvolle Bahnen gelenkt und abgebaut werden kann.

4.2 Betriebliche Sekundärprävention

Bei der betrieblichen Sekundärprävention geht es darum, in Ergänzung zu den primärpräventiven Maßnahmen entstehende Krankheiten und Gesundheitsprobleme rechtzeitig wahrzunehmen und ggf. einzudämmen.

Als Hauptansprechpartner für diesen Präventionsbereich dürfte in erster Linie der Betriebsarzt eine wichtige Rolle spielen. Aber auch die Fachkräfte für Arbeitssicherheit, Führungskräfte, die Mitarbeitervertretung u. a. sind in der Pflicht, entsprechende Informationen oder Wahrnehmungen in die dafür betrieblich vorgesehenen Kanäle einzuspeisen.

Dies spielt bei den psychischen Belastungen deshalb eine besonders große Rolle, weil normativ vorgesehene arbeitsmedizinische Vorsorgeformen fehlen. Dabei sind u. a. auch die weiter oben beschriebenen Signale als Frühindikatoren bedeutsam, da sie auf möglicherweise sich anbahnende negative Beanspruchungsfolgen hinweisen. Rechtzeitiges Wahrnehmen ermöglicht rechtzeitiges Eingreifen, sowohl auf der persönlichen als auch auf der betrieblichen Ebene. Die in der GDA-Qualifizierungsempfehlung angesprochene Lotsenfunktion dient somit auch der Sekundärprävention.

Sollte sich ein Anfangsverdacht bestätigen, so können rechtzeitig Hinweise zu möglichen therapeutischen Einrichtungen gegeben werden oder entsprechende Fachkräfte hinzugezogen werden. Im Bereich der Sekundärprävention verschiebt sich das „Präventionsobjekt" von der Ebene der Arbeitsgestaltung auf die Ebene der Betroffenen. Deshalb können auch betriebliche Einrichtungen wie EAP-Programme, interne Sozialberatungsprogramme, Gesundheitszirkel u. a. bereits in der Sekundärprävention sinnvoll angewendet werden.

In sich erhärtenden Verdachtsfällen muss außerdem geprüft werden, ob die Gefährdungsbeurteilung die Gegebenheit ausreichend beleuchtet hat und die Maßnahmen geeignet sind, psychische Fehlbelastungen ausreichend zurückzudrängen.

Die Sekundärprävention kann daher auch als eine Wirkungskontrolle der Primärprävention verstanden werden.

4.3 Betriebliche Tertiärprävention

Tertiärprävention bezeichnet alle Maßnahmen oder Prozesse und umfasst alle Organisationseinheiten, die durchgeführt oder angesprochen werden, wenn sich eine Erkrankung oder ein unerwünschtes Ereignis manifestiert hat, mit dem Ziel, Folgeschäden und Rückfälle (bei der betroffenen Person) zu vermeiden.

Das einfachste Beispiel für die Tertiärprävention sind die Heilbehandlung und ggf. notwendige Rehabilitationsmaßnahmen nach einem Unfall oder einer Erkrankung. Dieses wird i. d. R. durch den Unfallversicherungsträger übernommen und zeigt damit schon an, dass die eigentliche Maßnahmenumsetzung, also die Heilung und Rehabilitation, meist nicht in den Händen des Unternehmens selbst liegt. Dies ist natürlich auch bei psychischen Erkrankungen oder Störungen der Fall.

Aber auch wenn die eigentliche Behandlung nicht in den Händen des Arbeitgebers liegt, so verbleibt ihm doch die Pflicht, die entsprechenden Begleit- und Flankierungsmaßnahmen sicherzustellen. Dies kann z. B. ein im Vorfeld gestricktes Netz an Behandlungs- und Therapiemöglichkeiten sein, wobei Kontakte zu den Unfallversicherungsträgern, den Krankenkassen, ggf. Rehabilitationseinrichtungen für psychisch kranke und behinderte Menschen (RPK-Einrichtungen) usw. in Frage kommen. Während der Behandlung/Rehabilitation sollte es einen engen Austausch zwischen dem Unternehmen und dem behandelnden Arzt/Therapeuten geben. Diese Bemühungen müssen verschränkt werden mit dem Betrieblichen Eingliederungsmanagement (BEM), um Bedingungen und Verlaufsformen der Wiedereingliederung Langzeiterkrankter in das Unternehmen festzulegen, wobei es ggf. notwendig werden kann, die betroffenen Mitarbeiter mit anderen Tätigkeiten als früher zu betrauen.

Die drei genannten Präventionsformen ergänzen sich miteinander und müssen als ein Ganzes im Betrieb verankert sein, wobei eine Organisationausformung entsprechend dem Betrieblichen Gesundheitsmanagement sicher die umfassendste Lösung darstellt. Alle drei Präventionsformen sind aber auch im Kleinbetrieb möglich, da hier auch bei dem Fehlen entsprechender Organisationsstrukturen sowohl die Unfallversicherungsträger als auch die Krankenkassen unterstützend zur Seite stehen.

Alle drei Präventionsformen greifen ineinander, haben aber doch jeweils andere Schwerpunkte: Das Arbeitssystem steht im Vordergrund der Primärprävention, der kranke, heilbehandlungsbedürftige Mensch in der Tertiärprävention und die Sekundärprävention hat eine wichtige Wächterfunktion an der Schnittstelle zwischen Arbeitssystem und erkranktem Menschen.

5. Das Ziel: Präventions- und Resonanzkultur schaffen

Im Abschnitt über die dynamische Maßnahmensteuerung wurde dargestellt, dass Maßnahmen nicht als isolierte Einzelmaßnahmen, sondern als integratives Maßnahmenkonzept zu verstehen sind, das ggf. auch zu Änderungen in der betrieblichen Organisationsstruktur und -dynamik führen kann. In ähnlicher Weise dürfen auch die präventiven Maßnahmen nicht isoliert und nebeneinanderstehend gedacht werden. Sie sind lediglich die Elemente einer übergreifenden Präventionskultur. Dabei überlappen sich die Schutzmaßnahmen, die nach dem Arbeitsschutzgesetz zu ergreifen sind, mit weiteren Präventionsmaßnahmen zu einem betriebsumfassenden Vorgehen, das die Prävention zu einem Leitprinzip für alle Ebenen des Unternehmens festlegt.

Es geht also – wenn man den Begriff so wählen darf – um eine präventionsfeste Betriebskultur.

Dieser Ansatz ergibt sich aus übergreifenden Arbeitssystembetrachtungen, bereits vorhandenen Tendenzen und Notwendigkeiten und hat daher auch zu einer Präventionskampagne der DGUV mit dem griffigen Titel „komm**mit**mensch" geführt. Das Ziel der Kampagne, die noch bis 2026 läuft, ist nach eigenen Worten: *„Sicherheit und Gesundheit sollen bei allen Entscheidungen und Abläufen als wichtiger Maßstab berücksichtigt werden – von allen Menschen und in allen Unternehmen und Einrichtungen."*

Dabei werden alle Ebenen berücksichtigt und insbesondere die nachfolgenden Aspekte betrachtet und gestaltet:

– Unternehmen: Zum Beispiel Festlegung entsprechender Unternehmensziele
– Führung: Gesundheitlich zuträgliche Führungsstile, Leitbildfunktionen u. a.
– Kommunikation: Durchgreifende Informationsflüsse, Transparenz, Wertschätzung
– Beteiligung: Mitarbeiterpartizipation bei der Maßnahmenkonzeption und -bewertung
– Fehlerkultur: Transparenz und Vermeidung von Fehlern und Risiken
– Soziales Klima/Betriebsklima: Wertschätzung, soziale Unterstützung usw.

Wie leicht zu erkennen ist, sind die genannten Themen auch Gegenstand der Beurteilung psychischer Belastungen und der darauf aufbauenden Gestaltung psychisch förderlicher Arbeitsbedingungen. Dies zeigt die Bedeutung dieses Teilschrittes im Gesamtprozess an.

Wir dürfen davon ausgehen, dass zukünftig sowohl die Gesundheit von Unternehmen als auch die von Mitarbeitern in besonderer Weise von einem abgestimmten Konzept präventiver Maßnahmen abhängen wird. Dies ist für beide Seiten gleich wichtig. Für die Mitarbeiter, weil die Anforderungen des Lebens insgesamt komplexer und in vielerlei Hinsicht die Menschen vulnerabler, also verletzlicher, geworden sind. Belastungsarme Rückzugsräume existieren nur noch in geringem Maße oder müssen „erkämpft" werden. Wichtig ist dies aber auch für die Unternehmen, denn insbesondere Mitarbeiter mit hohem Engagement, hoher Betriebsidentifikation bei gleichzeitig fachlich ausgewiesener Expertise sind zukünftig nicht nur ein schwer zu beschaffendes Gut, sondern sie stellen auch für die Unternehmen eine sichere Ressource für den Unternehmenserfolg dar.

Dies gilt aber nicht nur für Fachkräfte, sondern auch für Mitarbeiter mit eher einfachen Beschäftigungen, denn auch in diesen Fällen sind Firmentreue, geringe Fluktuation und geringe Ausfallzeiten wichtige Voraussetzungen für den wirtschaftlichen Erfolg. Und von wirtschaftlich gesunden Unternehmen profitieren beide Seiten. Eine Zweiklassen-Arbeitnehmerschaft, wie sie sich im Moment leider in vielen Unternehmen andeutet oder zu verfestigen beginnt, ist völlig inakzeptabel und würde das Konzept ad absurdum führen. Es könnte daher spekuliert werden, ob die sich bei der Aussprache ergebende Ähnlichkeit des Kampagnentitels „komm**mit**mensch" mit dem Begriff „Commitment" nicht rein zufällig ist.

Deshalb sei zum Abschluss dieser Betrachtungen zu psychischen Belastungen das Konzept der Präventionskultur um die Vision einer Resonanzkultur erweitert. Für das eben angesprochene Wohlergehen von Mitarbeitern und Unternehmen wird es dabei entscheidend sein, nicht nur präventive Ansätze zu verfolgen, sondern resonante und nicht entfremdende Arbeitsinteraktionen zu gestalten. Was soll das heißen?

Hartmut Rosa verknüpft in seiner „Soziologie der Weltbeziehungen" beide Begriffe als wichtige gegenteilige Beziehungsgeflechte, die auch in der Arbeitswelt angewendet werden können (Rosa 2017):

„Resonanz ist eine durch Affizierung und Emotion, intrinsisches Interesse und Selbstwirksamkeitserwartung gebildete Form der Weltbeziehung, in der sich Subjekt und Welt gegenseitig berühren und zugleich transformieren." (Rosa 2017, p. 298)

Dies heißt in einem weniger „philosophischen" Wortgewand, es geht um eine positive Auseinandersetzung zwischen von außen herangetragenen Herausforderungen (Affizierung) an den Einzelnen und die innere Öffnung und Bereitschaft, mit diesen Herausforderungen aus eigenem Interesse und Antrieb umzugehen (Emotion). Dadurch wird der „Weltausschnitt" durch die jeweilige Person nicht einfach „behandelt", sondern beide werden in der konstruktiven Auseinandersetzung verwandelt und auf eine höhere Ebene gehoben.

Im konkreten Arbeitskontext würde dies bedeuten, die Arbeit so in die persönliche Welt zu integrieren, dass eine gute Arbeit bei gleichzeitig individuell-förderlichen Bedingungen gelingt und mit der Aufgabe eine innerliche Verbindung entsteht. Dabei sind die Beziehungen zwischen den Systempartnern, also z. B. Führung, Mitarbeiter, Tätigkeit positiv zu verbinden.

Das Gegenteil wäre die Entfremdung:

„Entfremdung bezeichnet eine spezifische Form der Weltbeziehung, in der Subjekt und Welt einander indifferent oder feindlich (repulsiv) und mithin innerlich unverbunden gegenüberstehen." (Rosa 2017, p 316)

In diesem Falle käme es zu keiner Verbindung, die Elemente würden als feindlich, bedrohend empfunden und keiner innerlichen Verbindung zugänglich sein. Arbeit wird dann nur geleistet, weil sie geleistet werden muss und ein Lebensunterhalt zu verdienen ist.

Die Herausforderungen des künftigen Arbeits- und Gesundheitsschutzes bestehen nun darin, alle Systembestandteile so aufzustellen, dass resonante Arbeitsbedingungen entstehen, die letztendlich gesundheitsförderlich sind, dem Mitarbeiter und dem Unternehmen nützen und eine hohe Identifikation der Mitarbeiter mit dem Unternehmen begünstigen (Abb. 34).

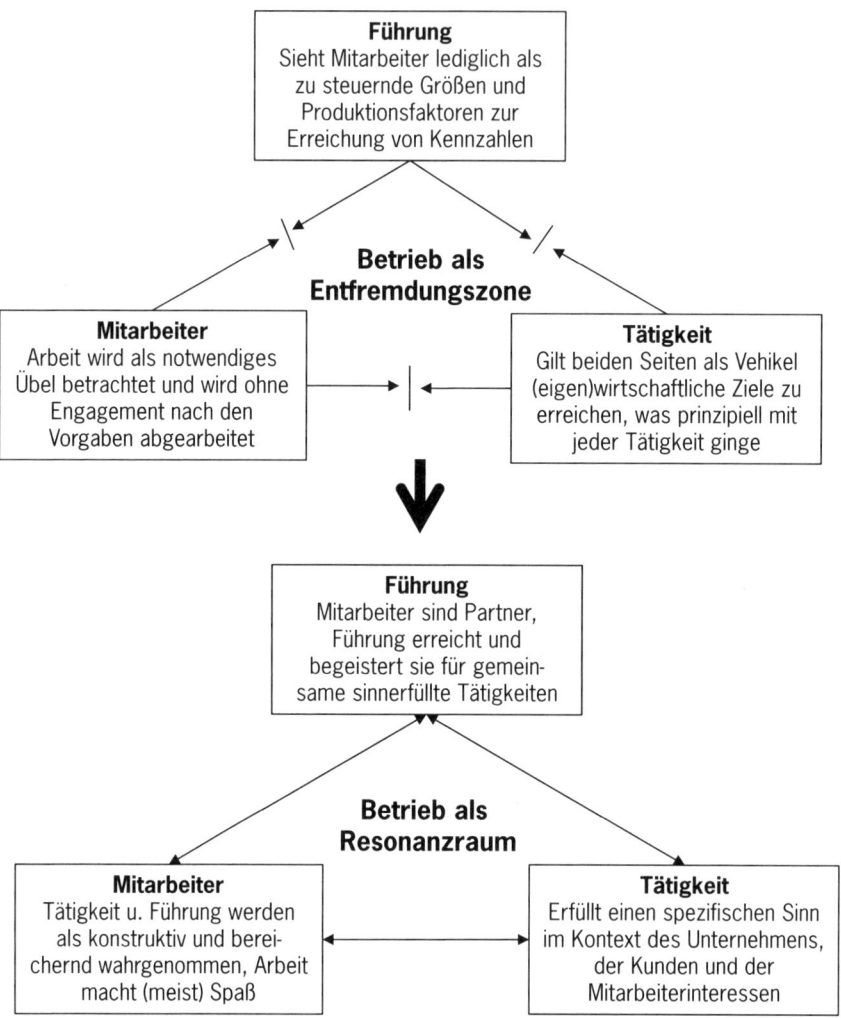

Abb. 34: *Zukünftig gute Arbeitsgestaltung sollte aus einer Entfremdungszone in einen Resonanzraum führen. Die Beurteilung psychischer Belastungen ist ein Instrument auf diesem Weg. Darstellung in Anlehnung an Rosa (2017).*

Resonante Arbeitsbedingungen bedeuten jedoch nicht, dass es keine Probleme mehr gäbe, sondern dass es zu lebendigen Beziehungen kommt, zu einem gleichsinnigen Schwingen der jeweiligen Systembestandteile (daher auch der Resonanzbegriff bei Rosa), die dazu führen, entstehende Probleme zu beseitigen.

Es geht also um eine Kultur der Prävention und eine Kultur der Beziehung. Dies ist mehr als eine reine Präventionskultur, die ggf. auch in beziehungsarmen Tätigkeitsausformungen zumindest äußerlich sichtbar greifen könnte.

Es lohnt sich daher – und es wird auch in vielen Fällen notwendig werden – die Beurteilung psychischer Belastungen und die auf psychische Belange hin gestaltete Arbeit aus dem Bereich gewollter Ignoranz oder versäumter Wahrnehmung heraustreten zu lassen und als ein wesentliches Instrument zum Aufbau einer Resonanzkultur zu begreifen. Dies insbesondere deswegen, weil Resonanz und Entfremdung vorwiegend mental-geistige Kategorien und keine typischen technisch-organisatorischen Arbeitsschutzkategorien sind. Dies erfordert allerdings auch, dass sich die relevanten Akteure im Arbeitsschutz diesen Aufgaben stellen, ihre Rollen wahrnehmen und alt hergebrachte Berufsauffassungen überwinden. Ein Zurückziehen auf das rein Technische ist nicht mehr zukunftsfähig. Sonst geht es den jeweiligen Vertretern wie den Dinosauriern: Sie sterben aus. Oder sie fristen als „lebende Fossilien" ein Nischendasein und werden auch so wahrgenommen werden.

Literatur

Adamy, W., N. Breutmann, A. Hinz, A. Horst, G. Richter, C, Serries, M. Schmauder (2017): Übergreifende Aspekte einer alters- und alternsgerechten Arbeitsgestaltung. In: Richter, G., C. Hecker, A. Hinz (Hrsg.): Produktionsarbeit in Deutschland – mit alternden Belegschaften. Erich Schmidt Verlag, 42–58 pp.

Angerer, P., J. Glaser, H. Gündel, P. Henningsen, C. Lahmann, S. Letzel, D. Nowak (Hrsg. 2014): Psychische und psychosomatische Gesundheit in der Arbeit. ecomed Medizin, 599 pp.

Anonym (2017): Schlechte Chefs kosten deutsche Volkswirtschaft bis zu 105 Milliarden Euro jährlich. ErgoMed/prakt. Arb. Med. 4/2017 12–14.

Antonovsky, A. (1997): Salutogenese: Zur Entmystifizierung der Gesundheit. dgvt-Verlag, 224 pp.

BAuA (2014): Gefährdungsbeurteilung psychischer Belastung. Erfahrungen und Empfehlungen. Erich Schmidt Verlag, 286 pp.

Beermann, B., Amlinger-Chatterjee, M., Brenscheidt, F., Gerstenberg; S., Niehaus, M., Wöhrmann, A.-M. (2017): Orts- und zeitflexibles Arbeiten: Gesundheitliche Risiken und Chancen. BAuA, Bericht, 46 pp.

Bengel, J. R., Strittmatter, H. Willmann (2001): Was erhält Menschen gesund? Antonovskys Modell der Salutogenese – Diskussionsstand und Stellenwert. Bundeszentrale für gesundheitliche Aufklärung, 176 pp. Internet: www.bzga.de/botmed_60606000.html, letzter Zugriff: 05. 02. 2018.

Breutmann, N. (2017): Bedeutung der psychischen Gefährdungsbeurteilung. – In: Richter, G., C. Hecker, A. Hinz (Hrsg.): Produktionsarbeit in Deutschland – mit alternden Belegschaften. Erich Schmidt Verlag, 208–218 pp.

Brause, M., A. Horn, A. Büscher, D. Schaeffer (2010): Gesundheitsförderung in der stationären Langzeitversorgung – Teil 2. Institut für Pflegewissenschaft Univ. Bielefeld (IPW), 95 pp.

Brunner, H. (1991): Die Weisheitsbücher der Ägypter. Artemis und Winkler, Düsseldorf und Zürich 528 pp.

Burisch M. (2006): Das Burnout-Syndrom: Theorie der inneren Erschöpfung. Springer-Verlag, Berlin, 305 pp.

Burr, H., N. Kersten, L. Kroll, H. M. Hasselhorn (2013): Selbstberichteter allgemeiner Gesundheitszustand nach Beruf und Alter in der Erwerbsbevölkerung. Bundesgesundheitsblatt 56, 349–358.

Busch. M. A., U. E. Maske, L. Ryl, R. Schlack, U. Hapke (2013): Prävalenz von depressiver Symptomatik und diagnostizierter Depression bei Erwachsenen in Deutschland. Bundesgesundheitsbl. 56, 733–739.

Christian, A. H. (1828): Xenophon's von Athen Werke, Bd. 9., S 1067, Metzler'sche Buchhandlung, Stuttgart.

Drössler, S., A. Steputat, M. Schubert, E. Euler und A. Seidler (2016): Psychische Gesundheit in der Arbeitswelt. Soziale Beziehungen. BAuA (Hrsg.), 125 pp.

Duckie, A., A. Uhlig, J. Felfe (2012): Betriebliche Prävention und Burn-out. Supervision 1/2012, 12–21.

Engel, G. L. (1977): The need for a new medical model: A challange for biomedicine. Science, 196, 129–136.

Freudenberger, H., G. North (1992): Burn-Out bei Frauen. Über das Gefühl des Ausgebranntseins. Verlag W. Krüger, Frankfurt/M., 305 pp.

Fröhlich-Gildhoff, K., Rönnau-Böse, M. (2009): Resilienz. München: Reinhardt, 100 pp.

Gemeinsame Deutsche Arbeitsschutzstrategie (GDA) (2017): Empfehlungen zur Qualifizierung betrieblicher Akteure für die Umsetzung der Gefährdungsbeurteilung psychischer Belastung, Berlin, 20 pp.

Gerdau-Heitmann, C., Mümken, S., Eberhard, S., Koppelin, F. (2017): Psychische Störungen im Erwerbsalter. Bundesgesundheitsblatt – Gesundheitsforschung – Gesundheitsschutz 12/2017, 1346–1355.

Hapke, U., U. E. Maske, C. Scheidt-Nave, L. Bode, R. Schlack, M. A. Busch (2013): Chronischer Stress bei Erwachsenen in Deutschland. Bundesgesundheitsbl. 56, 749–754.

Heiss, F., K. Franke (1964): Der vorzeitig verbrauchte Mensch. Ferdinand Enke Verlag, 466 pp.

Hentze, J. A. Graf, A. Kammel (2005): Personalführungslehre: Grundlagen, Funktionen und Modelle der Führung. UTB, Stuttgart, 683 pp.

Hoffmann, M., S. Gebauer, M. Nüchter, R. Baber, J. Ried, M. von Bergen, W. Kiess (2017): Endokrine Modulatoren. Bundesgesundheitsblatt – Gesundheitsforschung – Gesundheitsschutz 6/2017, 640–647.

Honey, C. (2016): Eine signifikante Geschichte – http://www.spektrum.de/news/eine-signifikante-geschichte/1401765, letzter Zugriff: 05. 02. 2018.

Jachertz, N., Jachertz, A. (2013): Kriegskinder. Erst im Alter wird oft das Ausmaß der Traumatisierungen sichtbar. Deutsches Ärzteblatt 110, 656–658 .

Jacobi, F. (2009): Nehmen psychische Störungen zu? reportpsychologie, 34, 1/2009, 16–26.

Jäncke, L. (2016): Ist das Hirn vernünftig? Erkenntnisse eines Neuropsychologen. Hogrefe, 328 pp.

Karasek, R. A. Jr (1979): Job Demands, Job Decision Latitude, and Mental Strain: Implications for Job Redesign. Administrative Science Quarterly 24, 285–308.

Kroll, L. E., T. Lampert (2012): Arbeitslosigkeit, prekäre Beschäftigung und Gesundheit. Robert Koch Institut, GBE kompakt 3 (1), 9 pp.

Kretzschmar, M. und S. Kretzschmar (2015): Chronischer Schmerz und Wiedereingliederung in das Erwerbsleben. ErgoMed/prakt. Arb. Med. 6/2015, 18–28.

Lalouschek, W. und B. Kainz (2008): Geschlechtsspezifische Aspekte von Burnout. Blickpunkt Der Mann 6, 6–12.

Lampert. T., L. E. Kroll, E. von der Lippe, S. Müters, H. Stolzenberg (2013): Sozioökonomischer Status und Gesundheit. Bundesgesundheitsbl. 56, 814–821.

Leymann, H. (Hrsg.) (1995): Der neue Mobbing-Bericht. Rowohlt, Reinbeck, 195 pp.

Lohmann Haislah, A, (2012): Stressreport Deutschland 2012. Bundesanstalt für Arbeitsschutz und Arbeitsmedizin, Dortmund 2012, 186 pp.

Mayer, S. (2013): Die gesundheitliche Relevanz von Innenraumbelastungen – Die Bedeutung von Gerüchen. Zbl. Arbeitsmed. 63, 312–323.

Münsterberg, H. (1912): Psychologie und das Wirtschaftsleben. Ein Beitrag zur angewandten Experimental-Psychologie. Barth, Leipzig, 192 pp.

Nestler, E. J. (2013): Ins Erbgut eingebrannt. Gehirn und Geist 11/2013, 72–75.

Pangert, C. und A. Gehrke (2014): Berufsbedingte Traumatisierung – Auslöser, Folgen, Präventionsangebote. Trauma – Zeitschrift für Psychotraumatologie und ihre Anwendungen 12, 5–11.

Rau, R. (2017): Risikobereiche für psychische Belastungen (unter Mitarbeit v. M. Blum und L.-M. Mätschke). iga.Report 31, 46 pp.

Richter, D., K. Berger und T. Reker (2008): Nehmen psychische Störungen zu? Eine systematische Literaturübersicht. Psychiat. Prax 35, 321–330.

Rosa, H. (2005): Beschleunigung. Die Veränderungen der Zeitstrukturen in der Moderne. Suhrkamp Verlag, 537 pp.

Rosa, H. (2017): Resonanz – Eine Soziologie der Weltbeziehung. Suhrkamp Verlag, 816 pp.

Rossmann, C., Brosius, H. B. (2013): Die Risiken der Risikokommunikation und die Rolle der Massenmedien. Bundesgesundheitsbl. 2012. 56: 118–123.

Rothe, I., L. Adolph, B. Beermann, M. Schütte, A. Windel, A. Grewer, U, Lehnhardt, J. Michel, B. Thomson, M. Formazin (2017): Psychische Gesundheit in der Arbeitswelt. Wissenschaftliche Standortbestimmung. BAuA, 260 pp.

Sassenberg, K. (2017): Digitale Medien als Informationsquelle über Umwelt und Gesundheit für Laien. Bundesgesundheitsbl. 60, 649–655.

Schaefer, J., A. Reuben (2018): Psychische Störungen? Völlig normal! Gehirn und Geist 2/2018, 70–73.

Schneider, G. (2013): Psychische Belastungen – historisch gesehen. Sicherheitsingenieur 10/2013, 20–26.

Schneider, G. (2014): Einfach anfangen – Das BMPG Basismodul. Sicherheitsingenieur 3/2014, 8–13.

Schneider, G. (2015a): Psychische Belastungen: Ein integrierendes Modell. BPUVZ 01/15, 16–21.

Schneider, G. (2015b): Gefährdungsstufen psychischer Belastung. BPUVZ 11/15, 507–511.

Schneider, G. (2017): Die Gefährdungsbeurteilung. Planung – Organisation – Umsetzung. Erich Schmidt Verlag Berlin, 170 pp.

Siegrist, J. (1996): Adverse health effects of high-effort/low-reward conditions. J Occup Health Psychol. 1996 Jan;1(1): 27–41.

Schlack, R., J. Rüdel, A. Karger, H. Hölling (2013a): Körperliche und psychische Gewalterfahrungen in der deutschen Bevölkerung. Bundesgesundheitsbl. 56, 755–764.

Schlack, R., U. Hapke, U, Maske, M. A. Busch, S. Cohrs (2013b): Häufigkeit und Verteilung von Schlafproblemen und Insomnie in der deutschen Erwachsenenbevölkerung. Bundesgesundheitsbl. 56, 740–748.

Schulte-Meßtorff, C. (2015): Paradigmenwechsel in der Auffassung von Burnout. ErgoMed/Prakt. Arb. Med. 4/2015, 24–28.

Stangl, W. (2017): Stichwort: 'Resilienz'. Online Lexikon für Psychologie und Pädagogik. WWW: http://lexikon.stangl.eu/593/resilienz/, letzter Zugriff: 05. 02. 2018.

Thielen, K., L. Kroll (2013): Alter, Berufsgruppen und psychisches Wohlbefinden. Bundesgesundheitsbl. 56, 359–366.

Ulich, E. (2011): Arbeitspsychologie. vdf Hochschulverlag und Schäffer-Pöschel-Verlag, 891 pp.

Windemuth, D., D. Jung, O. Petermann (2013): Das Dreiebenenmodell psychischer Belastungen im Betrieb. In: Windemuth, D., D. Jung, O. Petermann (Hrsg.): Praxishandbuch psychische Belastung im Beruf, 2. ed., Universum Verlag, 416 pp.

Wittchen, H. U., F. Jacobi (2012): Was sind die häufigsten psychischen Störungen in Deutschland? DEGS-Symposion, Robert Koch Institut Berlin, Präsentationsfolien, Internet

Wittig, P., Ch. Nöllenheidt, S. Brenscheidt (2012): Grundauswertung der BIBB/BAuA-Erwerbstätigenbefragung 2012. Bundesanstalt für Arbeitsschutz und Arbeitsmedizin, Dortmund 2013, 62 pp.

Der Autor

Dr. Gerald Schneider ist Diplom-Biologe und Fachkraft für Arbeitssicherheit. 1976–1981 Studium der biologischen und physikalischen Ozeanografie sowie der Zoologie an der Universität Kiel. 1981 Diplom, 1985 Dr. rer. nat. Von 1983–1985 Wissenschaftlicher Mitarbeiter in der Meeresforschung und Lehrbeauftragter an der Universität Kiel. 1995 Aufgabe der wissenschaftlichen Berufsausrichtung und Hinwendung zum Arbeitsschutz. Seit 1998 bei der B. A. D Gesundheitsvorsorge und Sicherheitstechnik GmbH in Bonn beschäftigt. Zentrale Aufgabenschwerpunkte sind konzeptionelle Arbeiten zur Gefährdungsbeurteilung, Gefahr- und Biostoffe, ergonomische Aspekte sowie psychische Belastungen. Von 2011–2015 Mitglied des Ausschusses für Betriebssicherheit, Mitglied Fachverband Psychologie für Arbeitssicherheit und Gesundheit e. V. (PASIG), VDSI-Mitglied, Mitglied im Arbeitskreis „Arbeitsgestaltung und -forschung" beim Bund der Arbeitgeberverbände (BDA) und 15 Jahre im eigenen Hause Betriebsratsvorsitzender.

E-Mail: *gerald.schneider@bad-gmbh.de*

Stichwortverzeichnis